# 미리 경험하는 은퇴

5도 2촌을 시작하는 은퇴 예정자의 귀촌 예찬

# 미리

# 경험

# 하는

# 은퇴

글/사진 김희정

**이담북스**

# 은퇴도 준비가 필요하다

"여러분이 하고 싶은 일과 해야 될 일 중에서 하고 싶은 일을 선택한다면 여러분은 나중에 해야 될 일을 하면서 살아야 합니다. 여러분이 해야 될 일을 선택한다면 여러분은 나중에 하고 싶은 일을 하면서 살 수 있어요."

전 월드컵 대표선수인 이영표의 현실적인 조언이 담긴 말이다. 해야 될 일, 즉 직장을 그만두고 전원생활을 꿈꾼 적이 있었다. 스트레스가 심한 나머지 '해야 될 일'을 포기하고 '하고 싶은 일'을 선택하고 싶었던 것이다. 심각하게 고민했지만 결국 생계라는 현실의 벽을 넘지 못했다.

올바른 선택이었다. 하고 싶은 일만 하고 산다면 얼마나 좋을까? 하지만 세상은 그리 호락호락하지 않다. 현실을 외면한다면 자신이 꿈꾸는 미래도 사라지게 된다. 지금 중요한 건 자신에게 주어진 일에 최선을 다하는 것이다.

현실에 순응하는 것도 중요하지만 하고 있는 일에만 집중하다 보면 은퇴 후 삶이 막막해진다. 퇴직 후 삶에 대한 고민이나 준비 없이 그날을 맞이한다면 살아온 세월만큼이나 남은 세월을 어찌 감당할 것인가? 직장인의 경우, 해야 될 일에 몰두하느라 자신의 꿈을 잃어버리는 경우가 허다하다. 퇴직 후 정작 하고 싶은 일을 찾지 못하고 두리번거린다면 그의 미래는 암울하기 짝이 없다.

틈틈이 하고 싶은 일을 찾아야 한다. 그래야만 퇴직 후에 인생을 즐길 수가 있다. 직장도 마치고, 시간도 남고, 돈도 여유가 있는데 막상 하고 싶은 일이 없다면, 해야 될 일을 할 때보다 더 괴로운 나날이 된다. 결국 다시 직장을 찾게 되고 또다시 해야 될 일에 자신의 남은 인생을 맡기게 된다.

모든 일에는 시간이 필요하다. 사회 초년생일 때를 생각해 보자. 업무 프로세스도 모르고, 대인관계도 어렵고, 일도 익숙하지 못했다. 시간이 흐를수록 경험과 노하우가 쌓이고 그 일에 길들

여겼다.

자신이 하고 싶은 일도 마찬가지다. 처음부터 좋아하는 일이란 없다. 취미도 하루아침에 갖는 것이 아니듯 오랜 시간이 필요하다. 그 일에 관심을 갖고 시간과 비용을 투자하다 보면 자신의 취향이 되고 결국 하고 싶은 일이 되는 것이다.

퇴직하기 전부터 자신에게 맞는 일을 미리 찾고 준비해야 한다. 퇴직 후 골프를 치고 싶다면 직장 다닐 때부터 골프를 배워야 한다. 만일 퇴직 후 골프를 배운다면 몸이 따라주지 않고, 스윙 자세도 어설프고, 라운딩할 동료를 구하기도 어렵게 된다.

퇴직 후 작가가 되고 싶다면 미리 글쓰기를 시작해야 한다. 글쓰기 강의도 듣고, 블로그도 해보고, 아래한글 프로그램에도 능숙해져야 한다. 또한 글쓰기 재료가 될 다양한 경험도 쌓아가야 한다. 그래야 퇴직 후 작가라는 일을 즐겁게 할 수 있다.

퇴직 후 부부가 여행을 즐기려 한다면 미리 여행을 다녀야 한다. 주말에 여행을 함께 다니며 소통과 교감을 이어가야 한다. 다양한 여행 정보 습득은 물론, 스스로 여행 코스 짜는 것도 연습해야 한다. 여행사를 통해 수동적인 여행을 하거나, 아내에게 여행 스케줄을 맡기고 몸만 따라다닌다면 그 여행은 오래가지 못할 것이다.

퇴직 후 전원생활을 하고 싶다면 당연히 미리 준비해야 한다. 텃밭을 일구고, 농작물을 재배해 보고, 시골 삶을 직접 체험해 봐야 한다. 줄곧 아파트에서만 살다 퇴직 후 갑자기 시골로 내려간다면 제초, 벌레, 추위, 인프라 등 불편한 시골 환경에 쉽사리 적응하지 못하고 다시 도시로 되돌아오는 이삿짐을 꾸릴 것이다.

자신이 살아갈 터를 잡고, 집을 짓고, 삶을 정착하는 것은 그리 간단치 않다. 신중한 선택과 꼼꼼한 준비가 필요하다. 30여 년간의 취직을 준비했다면, 30여 년간의 노후도 준비해야 마땅하다. 충분한 시간을 들여 준비하고 미리 살아보며 적응해 봐야 성공적인 재취업이 될 것이다. 내가 오십 초반에 귀촌을 시작한 이유다.

제1장

# 오십 넘으면

# 은퇴 준비를 해야 한다

# 은퇴 후의 취미생활을 찾아라

글쓰기와 인생의 본질은 똑같다.
뭔가를 발견하는 항해라는 점에서 특히 그렇다.

– 헨리 밀러 –

최빈국에서 선진국으로 발돋움한 세계 유일의 나라가 있다. 바로 대한민국이다. 그런 자랑스러운 저력에도 불구하고 내세우지 말아야 할 불명예도 있다. 우리나라는 인구 10만 명당 자살자 수는 25.2명으로 OECD 국가 중 1위다. 자살을 유발하는 우울증 환자 수도 4명 중 1명으로 많다. 더욱 큰 문제는 나이가 많을수록 자살률과 우울증 환자 수 비중이 높다는 것이다.

노인 정신질환이 왜 생겼을까? 경제적, 사회적 환경 탓도 있

미리 경험하는 은퇴

겠지만 그보다 더 중요한 이유는 죽지 않기 때문이다. 산업화 이전, 1960년대까지만 해도 동네 노인 중에 환갑을 넘기는 이는 많지 않았다. 평균수명이 50대 정도인 셈이다. 결혼하고, 자녀 키우고, 일하다 보면 어느새 50세가 지나고 신체 질병이나 마음의 병을 겪기도 전에 죽고 말았다.

지금은 다르다. 보건복지부가 발표한 2023년 평균 기대수명은 83.6세다. 수명은 유전되기도 하고, 의학 발전, 사회문화적 환경 등으로 점점 늘어날 것이다. 백세 인생, 110세, 120세까지 살 수 있다는 말이 나오고도 있다. 그렇다면 50~60세에 퇴직을 하고서도 살아온 세월만큼을 또다시 살아가야 한다는 이야기다.

그렇다면 퇴직 후의 삶을 착실히 준비해야 행복한 노년을 살아갈 수 있다. 평생 죽을 때까지 일을 한다면 모르겠지만 사회적인 구조, 신체적인 한계로 언젠가는 일을 그만둬야 한다. 할 일 없이 50~60년을 멍하니 보낼 수는 없다. 매일 등산하거나 산책만 할 수는 없다. 기나긴 여정을 무료하지 않게 보낼 수 있는 적절한 방법을 찾아야 한다.

귀촌이 하나의 방법이다. 많은 퇴직 예정자들이 공기 좋고 경치 좋은 시골에 내려가 조그만 텃밭을 가꾸며 사는 것을 꿈꾼다. 치유농업이라고 하듯이 식물을 가꾸고 키우는 행위는 몸을 움직일 수 있어 신체적 건강에도 좋지만 정신 건강에도 좋다. 땀을 흘리고 수확한 농산물을 섭취할 수도 있으니 경제적 혜택도 있고 보람도 생긴다.

텃밭만 한다면 부족한 점이 있다. 밭을 일구고 농작물을 심고 쑥쑥 자라는 풀을 뽑다 보면 시간 가는 줄 모르겠지만 그 이외에도 취미활동이 있어야 외로운 시골살이를 견딜 수 있다. 게이트볼을 쳐도 되고, 댄스 학원을 다녀도 되고, 봉사활동을 해도 될 것이다. 그러나 다시 인간관계 속에 자신의 삶을 들여놓아야 한다.

글쓰기가 취미라면 어떨까?

고상하기도 하고 어려운 분야지만 글쓰기를 한다면 새로운 삶이 펼쳐질 것이다. 우선 노년의 나이가 되면 글쓰기에 최적의 조건을 갖춘 것이다. 이야깃거리가 될 수 있는 수많은 경험과 추억이 가슴속에 저장되어 있다. 학교도 다녔고, 회사에서 보고서도 써봤으니 글쓰기 방법을 조금만 배운다면 누구나 작가가 될 수 있다.

또한, 지금은 글쓰기가 쉬운 인터넷 플랫폼이 많다. 가벼운 글을 올릴 수 있는 SNS도 많다. 인스타그램, 페이스북 등 다양한 플랫폼이 있지만 그중에서 블로그가 글쓰기에는 더욱 좋다. 글쓰기는 일기에서 시작했다. 그 일기를 인터넷상에 쉽게 기록할 수 있는 프로그램을 만들어 놓은 곳이 바로 블로그다. 평생 써도 남을 비싼 대용량 저장공간을 무료로 제공해 주기도 한다.

기억할 수 있는 사진 몇 장과 그 사진에 담긴 이야기를 간단히 정리해서 올리면 그것이 블로그인 셈이다. 그렇게 시간이 흘러 추억의 기록이 쌓이고 쌓이면 글 쓰는 실력도 늘어나고 모인 글을 엮으면 출간도 할 수 있다.

의외로 농부 작가가 많다.

변산반도가 있는 부안에 사는 초등학교만 졸업한 농부 시인 박형진 씨는 옛날 어머니와 마실 다니며 들었던 이야기에 맛을 느끼고 농사를 지으며 글을 쓰는 작가가 되었다. 은퇴하고 시간만 때우는 사람들에게 책을 쓰라는 권유를 하고 싶다는 문구현 농부 작가는《나는 70세 인생 3부를 설계하기로 했다》라는 책을 출간하고 베스트셀러 작가가 되었다. 완주로 귀농한 전희식 농부 작가는 《땅살림 시골살이》,《아름다운 후퇴》,《소농이 혁명이다》,《삶이 일깨우는 시골살이》,《마음농사 짓기》 등 수많은 책을 출간했다.

　포항에서는 《토성리 농부들의 농부일기》라는 책을 마을 사람들이 공동으로 집필하기도 했다. 문화관광부에서 문화예술 지원 사업의 일환으로 추진한 사업이었다. 전문작가인 정혜 작가가 글쓰기 프로그램을 담당해 70대 농부들로 구성된 마을에서 낮에는 농사일을 하고 야간에 글쓰기 수업을 진행해 이뤄낸 성과였다. 노인들은 처음에 글을 쓴다는 것이 막막했는데 농사를 짓는 마음으로 글을 쓰면서 자신의 머릿속 생각이 글로 나오니 농산물을 수확하는 것처럼 행복하다고 했다. 전북에서도 농업기술원 주최로 농업인 책 쓰기 교육을 통해 19명의 농부 작가를 만들어 내기도 했다.

　농부라고 해서 농사짓는 기술만 있는 게 아니다. 그들도 창작에 대한 열정이 뜨겁다. 해 질 때까지 농사를 짓고 난 후 야간에 옷을 갈아입고 글쓰기 수업을 듣는 눈망울은 초롱초롱하다는 후기를 남기기도 했다. 나이 든 농부들은 전문작가보다 더 많은 이야깃거리를 지닌 존재들이다. 글로 표현할 수 있는 기회만 열어 준다면 누구나 작가가 될 수 있다.

스토리가 풍부한 노년의 인생, 글쓰기에 적합한 고즈넉한 시골, 사색하며 글쓰기를 할 수 있는 충분한 시간, 은퇴 후 전원생활을 하는 귀촌인에게 글쓰기는 최적의 취미활동이 될 수 있다. 자칫 무료할 수 있는 노년의 삶, 자연과 이야기를 나누며 보내는 것은 어떨까!

## 시골 우리 집

조용한 시골에 푸른 잔디가 깔린 전원주택을 꿈꿨다. 단지 꿈이라고 생각했던 그 꿈이 현실이 되었다. 주말이 되면 한걸음에 꿈의 궁전으로 달려간다. 갈 때마다 쑥쑥 자란 꿈의 결실이 나를 반기며 말을 건다. 한 해 한 해 이야기는 쌓여간다.

▶ 24절기와 농사력

- 입춘(2.4): 봄의 시작 – 거름 주기, 발아억제제 살포
- 우수(2.19): 봄비, 싹 틈 – 마늘 · 양파 · 맥류 웃거름
- 경칩(3.6): 개구리 깨어남
- 춘분(3.21): 낮이 길어지기 시작 – 종자 준비
- 청명(4.5): 봄 농사 준비 – 감자 파종
- 곡우(4.20): 농사비가 내림 – 두릅 수확, 옥수수 · 땅콩 파종
- 입하(5.5): 여름의 시작 – 고추 심기
- 소만(5.21): 본격적인 농사 시작 – 고추 추비, 참깨 파종, 모내기
- 망종(6.5): 파종 시작 – 매실 수확
- 하지(6.21): 낮이 가장 긴 시기 – 감자 수확, 콩 파종, 마늘 · 양파 · 맥류 수확
- 소서(7.7): 더위 시작
- 대서(7.22): 가장 더움
- 입추(8.7): 가을의 시작
- 처서(8.23): 더위 식기 시작 – 김장 무 · 배추 심기
- 백로(9.7): 이슬 내리기 시작 – 참깨 수확
- 추분(9.23): 밤이 길어지는 시기 – 콩 수확
- 한로(10.8): 찬 이슬 내리기 시작
- 상강(10.23): 서리 내리기 시작 – 마늘 · 양파 · 맥류 심기
- 입동(11.7): 겨울의 시작
- 소설(11.22): 얼음이 얼기 시작 – 김장 무 · 배추 수확
- 대설(12.7): 큰 눈 내림 – 농한기 시작
- 동지(12.21): 밤이 가장 긴 시기
- 소한(1.5): 겨울 추위 시작
- 대한(1.20): 겨울 큰 추위

# 자연에 취직할 때다

여행 에세이의 주인공은
독자가 아니라 바로 자신이다.
내가 행복해야 좋은 글이 나오고
그 글을 읽는 독자도 따라서 행복해진다.

– 채지형 · 박동식 · 유정열,《오늘부터 여행작가》 중에서 –


〈나는 자연인이다〉는 중장년층의 '무한도전'으로 불리는 TV 프로그램이다. 2012년 8월 22일 첫 방송을 시작으로 MBN의 간판 프로그램으로 자리 잡았다. 대자연의 품에서 저마다의 사연을 간직한 채 자연과 동화되어 욕심 없이 살아가는 이들, 즉 자연인을 찾아간다는 게 프로그램의 기획 의도다.

돈 한 푼 가진 것 하나 없고 불편한 삶이지만 하나같이 행복하다고 말하는 자연인에게 두 명의 개그맨이 찾아가 그 행복의 비결을 찾는다. 이승윤은 '삶에 있어서 뭐가 중요한지 자연인을 만나면서 알게 됐어요.'라고 말한다. '자연인을 만나 생각도 삶도 180도 바뀌었어요.'라고 윤택은 말한다.

이렇게나 많은 자연인이 있었나?

가장 먼저 드는 궁금증이다. 섭외할 자연인이 없으면 몇 회 하다가 끝날 줄 알았는데 끊임없이 자연인은 나온다. 앞으로도 계속된다면 과연 사회인보다 자연인이 더 많은 건 아닌지 헛된 가정도 해보게 된다. 물론 처음에는 사회와 단절해 산속에서 조용히 사는 완전한 자연인에서 지금은 귀농귀촌한 반자연인도 나오긴 한다.

인간은 사회적 동물일까?

두 번째 의문에서는 많은 고민을 했다. 자연인을 분석해 보면 사회와 조직에서 갈등과 스트레스로 상처를 받고 자연으로 들어온 이들이 많다. 몸과 마음에 병이 들자 살기 위해 들어온 이들도 있다. 그들은 자연에서 심신을 치유하며 나름 행복하게 살고 있다. 그들을 보며 우리는 대리만족을 한다. 그들을 통해 우리의 삶을 들여다보고 심지어는 자연인의 삶을 꿈꾸기도 한다.

　인간은 사회적 동물이 아닐지도 모른다.

　인간은 관계와 소통을 통해 살아가는 존재라 했다. 그러면서 인간은 자아실현을 하고 행복해진다고 배웠다. 한참을 살아보니 사회에서 얻은 건 스트레스와 상처뿐이었다. 상대와 싸워 이기려 했고 그 과정에서 수많은 상처와 아픔을 주고받았다. 많은 사람을 만나면서 행복한 때도 있었지만 외로움이 사라지지는 않았다.

　사회라는 조직을 떠나 주말에 자연을 찾으면 몸이 가벼워지고 마음도 평온해진다. 사회보다는 자연에서 더 평화롭고 행복하다는 사실이 '인간은 사회적 동물이다.'라는 명제를 의심하게 만든다.

　사회적 동물을 강조하는 것은 민족, 국가 같은 집단의 이익을 위해 인간을 활용하기 위해서가 아닐까? 인간을 능력으로 평가하고 계급으로 서열화시키며 조직이라는 틀로 구속한다. 위로 갈수록 더 위로 가기를 원하며 구성원은 스스로 치열한 생존경쟁을 벌이게 된다.

　최소한의 관계만 유지하며 인간은 홀로 살아야 한다. 그리고

　　　　　　　　　　　　　　　　　미리 경험하는 은퇴

그 터전은 자연이어야 한다. 인간도 동물이기에 그렇다. 남들과의 경쟁 속에서 발전한다는 건 의미 없는 도전이다. 어디까지 발전해야 한다는 목표점이 없기 때문이다. 발전해야 행복해진다는 보장도 없다. 원시시대보다 수백 배 더 발전한 현대사회에서 우리 모두는 과연 행복한가?

자유롭고 행복을 추구하는 존재가 인간이라면 인간은 사회가 아닌 자연에서 사는 것이 맞다. 그럼 무턱대고 자연으로 들어가야 할까? 지금 세상은 사회를 배제하기 힘든 시스템으로 고착되었다. 어쩔 수 없는 세상이니 처음에는 사회적 동물로 살다가 어느 시점에 자연으로 돌아가는 것이 최선의 방법이다.

어떤 이는 끊임없이 최고의 자리까지 오르려 노력한다. 어떤 이는 사람과의 관계를 계속 유지하고 싶어 한다. 어떤 이는 평생 일하다 생을 마감하고 싶어 한다. 물론 그것도 하나의 인생이겠지만 사회적 동물로 길들여져 인간 본연의 삶을 영위하지 못하는 셈이다.

직장 생활 20~30년 정도 했다면 오십 대가 된다. 퇴직이라는 단어를 실감할 나이다. 이제는 전직을 위한 준비를 해야 한다. 조금 이른 퇴직이든 정년퇴직이든 은퇴 후 자연이라는 새로운 회사에 적응하기 위한 준비를 해야 한다.

한 번뿐인 인생, 오롯이 자신을 돌보면서 살 시간도 주어야 한다. 서로 상처 주고 상처받을 일이 없는, 그 어떤 스트레스도 주지 않는 자연이 기다리고 있다. 그곳에 들어가면 저절로 미소가 띠어지며 행복해진다. 인간에게 맞는 환경 속에 들어왔기 때문이다.

자연을 벗 삼아 인간 본연의 삶을 영위한다고 해도 사회조직에 길들어진 문제가 스며든다. 바로 외로움이다. 외로움을 극복하는 다양한 방법이 있겠지만, 다시 돌아가고 싶지 않다면 홀로 즐길 수 있는 취미를 만들어야 한다. 자연 속에서 진정으로 행복해지려면 인위적인 요소를 가미해야 한다.

자연을 상대로 생각하고 표현하는 일, 즉 글쓰기가 혼자 놀 수 있는 최상의 놀이다. 바로 자연과 소통하고 관계하는 것이다. 외롭다면 자연과 이야기하면 된다. 시를 지어도 보고, 에세이도 써 보고, 사진도 찍어 보며 자연과 대화하고 소통하면 된다. 내가 꿈꾸는 퇴직 후 작가의 삶이다.

## 첫 출간도서 《내 마음이 그래서》

———————

평생 책 한 권 출간하고 죽는다면 소원이 없겠다는 막연한 꿈을 꾼 적이 있었다. 단지 꿈으로만 여겼던 출간을 나이 50에 이뤘다. 전라남도를 여행하며 '내 마음'을 정리한 책을 출간하면서 퇴직 후 작가의 삶을 살고 싶다는 또 다른 꿈을 꾸게 되었다. 그 꿈을 펼치기 위해 조용한 시골에 나의 공간을 만들었다.

# 꿈은 언제나 꿀 수 있다

맥도날드의 창업자 레이 크록이 사업을 처음 시작한 나이는 53세였다. 창업 당시 그는 당뇨를 앓고 있었으며 각종 질병에 시달렸지만 매일 아침 직접 청소를 했다. 샘 월튼은 44세에 창업했으며, 커널 샌더스는 65세에 사업에 실패하고 KFC를 창업해 재기에 성공했다. 킹 질레트는 48세에 면도기의 대명사인 질레트를 창업했고, 메리 케이애시는 45세에 메리 케이 화장품을 창업했다. 소설가 박완서는 40세에 등단했으며, 화가폴 고갱이 증권거래소 직원의 보장된 삶을 버리고 타히티 섬으로 떠난 것은 43세 때였다. 영화 〈슈렉〉의 원작자이자 '카툰 왕'이라 일컫는 윌리엄 스타이그는 60세가 넘어 동화작가가 되었다. 전북 완주에 사는 70세의 차사순 할머니는 2종 보통면허 운전 시험에서 무려 959번 떨어진후 960번 만의 도전 끝에 면허증을 손에 넣었다. 이처럼 늦은 나이에 자신의 꿈을 이룩한 대기만성형을 레이트블루머(late bloomer)라고 한다. 가능성을 스스로 닫지 않는다면 우리는 누구나 예쁜 꽃을 피울 수 있는소중한 존재다.

- 이형진, 《꿈을 이루기에 너무 늦은 나이란 없다》 중에서 -

미리 경험하는 은퇴

"책임감이 더하니깐 어른인 척 연기하는 거지. 똑같은 것 같다."

TV 프로 〈유키즈온더블럭〉에서 나이가 드니까 어떠냐는 유재석의 질문에 윤계상이 한 말이다. 나이가 들면서 몸은 조금씩 노쇠해지지만 마음은 언제나 그대로라는 것이다.

기억이 흐릿한 어린 시절을 지내고 질풍노도의 시기를 벗어나 성인이 된 후 생각이 고착된 상태가 되면 나이가 들어도 쭉 이어진다. 몸은 늙어 가지만 마음은 변하지 않고 항상 그대로인 느낌이 든다. 단지 사회적 시선과 위치 때문에 본심을 감추며 의젓한 척, 점잖은 척하는 경우가 많다.


나이는 숫자에 불과하다는 말이 나이가 드니 이해가 된다. 어릴 때 한두 살 차이에도 민감하다가 나이 드니 상대가 몇 살인지 가늠도 안 되고, 계급과 나이가 섞이기도 하고, 더구나 모르는 사이라면 나이의 상하관계는 의미 없어진다.

10대, 20대, 30대, 40대, 50대 의미 없는 분류에 지나지 않는다. 세대란 연구 논문을 위해서나 계층사회를 만들기 위해서 필요한 단어일 뿐이다. 19살이나 20살이 무슨 차이가 있으며, 어느 순간 30살을 지나 40이 되고 50이 되는데 그 경계를 어떻게 나눌 수 있을까!

사람도 자연의 일부라고 한다면 자연을 잘 관찰해 보면 답을 찾을 수 있다. 자연은 계절에 맞춰 변하는 것이 아니라 시간의 흐름에 따라 꽃을 피우고 잎을 만들고 단풍이 들어 낙엽을 떨군다. 자연은 물 흐르듯 자연스레 흘러가며 계절을 구분하지 않고 이어진다.

> 청춘이란 인생의 어떤 기간이 아니라 마음가짐이라네.
> 장밋빛 뺨, 붉은 입술, 유연한 무릎이 아니라
> 늠름한 의지, 빼어난 상상력, 불타는 정열,
> 삶의 깊은 데서 솟아나는 샘물의 신선함이라네.
> 청춘은 겁 없는 용기, 안이함을 뿌리치는 모험심이라네.
> 때론 스무 살 청년이 아닌 예순 살 노인에게서 청춘을 보듯
> 나이를 먹어서 늙는 것이 아니라 이상을 잃어서 늙어간다네.
>
> - 새뮤얼 울먼, 〈청춘〉 중에서 -

그렇다면 '왜 20대에만 꿈을 꾸어야만 하는가?'라는 명제도 맞지 않다. 꿈이란 11살에 꿀 수도 있고, 55살에 꿀 수도 있다.

자기가 원하는 꿈이란 정해진 시기에 꾸는 것이 아니라 꿈이 생겼을 때, 이루고 싶을 때 꾸면 그만이다. 단지 그 꿈을 펼칠 최적의 상황이 있을 수는 있다.

젊었을 때는 돈을 벌기 위해 일했다면, 퇴직 후에는 자신이 진정 하고 싶은 것을 다시 꿈꿀 수 있는 최적의 시기다. 나이 들어서 너무 늦었다고 원망할 필요 없다. 꿈을 꾸는 시기에 적당한 나이가 있는 것이 아니다. 꿈은 언제나 꿀 수 있다.

무언가를 하는 데 나이가 정해질 수는 없다. 그것을 하고 싶은 마음이 있으면 그때가 최적의 시기다.

## 전원주택 생울타리 식재

————————

집 주위 울타리용으로 홍가시나무를 심었다. 나의 꿈을 철제 펜스로 가두고 싶지 않았다. 홍가시나무는 새순이 나올 때마다 마치 단풍이 든 것처럼 붉은색을 띤다. 상록수이기에 겨울에도 잎을 떨구지 않는다. 줄기 하나였던 조그만 나무가 어느새 울타리 역할을 할 정도로 자랐다. 내년에는 더 울창해져 시골 집을 살포시 보듬어 주겠지.

# 멈춤을 아는 나이가 되었다

우리는 휴식이란
쓸데없는 시간 낭비가
아니라는 것을 알아야 한다.
휴식은 곧 회복인 것이다.
짧은 시간의 휴식일지라도
회복시키는 힘은
상상 이상으로 큰 것이니
단 5분이라도 휴식으로
피로를 풀어야 한다.

- 데일 카네기 -

"우리 그만 오를까?"

절친인 가수 이선희와 아나운서 이금희가 산을 오르다 힘겨
운 듯 이금희가 말했다.

"그래, 우린 멈춤을 아는 나이잖아."

이선희가 답했다. 그들은 그 자리에서 잠시 경치를 감상한 뒤 되돌아 내려갔다.


나이가 드니 혈압도 높아지고 건강이 우려되어 등산을 하기 시작했다. 전남의 많은 명산을 오르니 근육도 붙기 시작하고 멋진 경치도 즐길 수 있는 혜택도 있었다. 오르는 과정은 힘들지만 동반자인 아내와 함께하니 견딜 만했다. 이런저런 얘기도 나누며 노후설계를 하다 보면 정상에 도착하곤 했다.

아내와 주말여행 계획을 짰다. 인근 명산을 등산하기로 했다. 멀리 나주까지 내려온 아내가 여행 계획을 듣더니 나에게 말했다.

"몸이 피곤하네. 우리 산에 가지 말자."

잠시 망설이다가 아내에게 대답했다.

"그래, 그러자. 힘들면 쉬어야지."


나이가 들면서 멈춤을 아는 힘을 기른 것이 가장 큰 수확이 아닐까? 어릴 때는 하고 싶은 것은 꼭 하길 바랐다. 목표가 있으면 끝까지 달성하려고 했다. 멈춤 없이 얼른 끝내기만을 원했다.


미리 경험하는 은퇴

세월은 그런 성격을 무뎌지게 했다. 언제부턴가 멈춤을 알게 되었다.

등산을 포기하고 인근 공원에서의 가벼운 산책으로 바꿨다. 잘 정돈된 도시 공원도 아름다운 자연을 담고 있었다. 계절은 하루가 지나면 꼭 하루만큼의 색을 갈아입는다. 식상하지 않게 변화된 모습으로 우리의 시선과 마음을 흔든다.

목적지까지 바삐 걸어가던 삶에서는 주위 풍경이 눈에 들어오지 않았다. 사치인 것 같기도 했고, 아름다움을 감상할 줄도 몰랐다. 아니, 멈출 줄 몰랐다.

이제는 다르다. 자연이 주는 색과 향에 나도 모르게 발길이 더디게 된다. 예쁜 꽃에 시선이 머물고, 자연이 뿜어내는 향기를 깊숙이 간직한다. 산책 시간이 길어질수록 몸과 마음은 더욱 평온해진다.

자연을 만끽할 때 동반자가 있다면 더욱 좋다. 혼자 즐기기에는 너무 아깝고 함께 즐기면 배가되기 때문이다. 같은 곳에 눈과 코가 머무는 마음이 통하는 동반자면 더욱 좋다. 멈춤을 이해해 준다면 더할 나위 없다.

'여행은 아름다운 곳을 가는 것보다 누구랑 가는 것이 더 중요하다.'고 이선희가 말하자, 이금희는 '아름다운 곳을 좋은 사람이랑 같이 간다면 더 좋겠지.'라고 답했다. 서로를 이해해 주고 마음이 통하는 친구가 있다면 그 여행은 외롭지도 않고 즐거워진다. 노후의 삶도 마찬가지다.

신록이 짙어지는 계절, 주위에 좋은 사람이 있다면 그의 손을 잡고 자연으로 나가보자. 시선과 마음이 멈추고 싶은 곳이 있을 터.

그러면 멈출 수밖에.

전원주택 인근 무안갯벌          집 근처 해수욕장 일몰

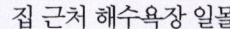

딸과 집 근처 해수욕장을 걷다가 발길을 멈추었다. 서해 바다 위로 저녁 노을이 깔리고 있었다. 저 멀리 수평선 너머로 스며드는 태양은 서해 갯벌에 어스름 그림자를 남기며 서서히 사라지고 있었다. 내일 아침이면 또 다른 모습으로 찾아오겠지.

# 자연에서 기다림을 배운다

기다릴 줄 아는 사람은
바라는 것을 가질 수 있다.

−벤저민 프랭클린 −

다 같은 인간이지만 저마다 차이가 있다. 작은 사람과 큰 사람이 있고, 힘이 약한 사람과 센 사람도 있다. 어린 사람과 어른이 있고, 경험이 적은 사람과 풍부한 사람도 있다. 가난한 사람과 부자가 있고, 지위가 낮은 사람과 높은 사람도 있다. 모두가 힘과 재력과 능력에서 차이를 보인다.

태어날 때는 거의 비슷한 수준이었지만 커가면서 차이가 발생한다. 그 과정에서 차이가 벌어져 더 위에 있는 사람은 아래에 있는 사람을 무시하는 경향을 보인다. 자신의 수준에서 상대를 대하기 때문이다.

부모는 자신의 기준으로 자녀를 훈육하고, 선배는 자신의 기준으로 신입생을 가르친다. 나이 든 사람이나 상사나 부자는 그 위치에서 상대를 평가한다. 과거 자신의 모습은 잊어버리고, 지금 자신의 기준을 잣대로 삼는다.

세대갈등, 남녀갈등, 사회갈등 모두가 이런 잣대의 어긋남에서 생긴다. 상대의 기준과 입장에서 생각해 준다면 좀 더 소통이 잘될 텐데 말이다. 과거의 자신을 조금만 되돌아본다면 좀 더 너그러워질 텐데 말이다.

자연은 자신의 기준을 강요하지 않는다. 귀농 초년생이 와도 절대로 보채지 않는다. 그가 잘못해 가지를 자르고, 농약을 잘 못 치고, 비료를 잘 못 줘도 내버려 둔다. 스스로 배워나가 능력을 키울 때까지 차분히 기다려 준다.

기다림을 가르치는 나라로 프랑스를 예로 많이 든다. 월스트리트 저널 기자였던 파멜라 드러커맨은 프랑스에서 살면서 낯선 육아 풍경을 보고 《프랑스 아이처럼》이라는 책을 냈다. 유모차에서 내려달라고 악을 쓰는 아이, 마트에서 장난감 사달라고 조르는 아이, 프랑스에서는 보기 힘든 장면이라고 한다. 오히려 식당에서 음식이 나올 때까지 차분히 기다리는 어린이들의 모습은 프랑스에서 흔히 볼 수 있는 모습이다.

프랑스 부모의 자녀교육은, 기다릴 줄 아는 아이로 자녀를 키우는 것이 특징이다. 기다림을 아는 아이가 더 행복하고 즐겁게 살게 된다고 확신하기 때문이다. 그 기다림 교육의 비법은 간단하다. 일상 속에서 아이에게 좌절감을 맛보게 하는 것이다.

일상 속에서 아이의 요구를 즉각 들어주지 않으며 잠시 기다림을 강조한다. 요구를 바로 들어주면 좌절감에 대응하는 힘을 길러주지 못해 더 불행해진다고 믿는 것이다. 엄격한 어조로 '기다려'라는 말을 자주 하는 프랑스 부모들, 자녀는 그런 교육을 지속적으로 받으며 인내심을 기른다.


좌절과 기다림을 배울 수 있는 최적의 장소는 자연이다. 보챈다고 빨리 가지도 않는 자연의 흐름, 다시 꽃을 피우려면 1년을 기다려야만 하는 곳이 바로 자연이다. 인내심만이 자연을 온전히 대할 수 있는 최선의 방법이다. 잘못 자른 가지가 다시 자라는 것을 보려면 다음 해를 기다릴 수밖에 없다.

기다림은 인간을 차분하게 만든다. 좌절을 겪으면서 행복의 크기를 더하듯 자연은 인간을 그렇게 가르치며 기다려 준다. 다시 꽃을 피우는 걸 지켜보며 건강을 찾은 이도 있다. KBS 다큐 〈아내의 정원〉의 안홍선 가드너는 10년밖에 살지 못한다는 의사의 말에 귀농을 결심했다. 정원을 만들고 가꾸며 그녀는 여든을 넘어 장수하고 있다.

낙엽 떨어지는 소리는 가을이 건네는 작별 인사라고 그녀는 표현했다. 나뭇잎이 다 떨어진 겨울이 지나면 다시 봄이 오고 꽃은 소생한다. 꽃씨가 날아 정원 구석구석에서 싹을 틔우면 거기에 살고 싶은가 보다라며 그냥 내버려 둔다. 오랜 세월의 기다림은 멋진 정원으로 보답했고, 그녀는 건강을 되찾았다.

기다림의 교육장, 자연은 가장 훌륭한 스승이다. 씨를 파종하고 며칠을 기다려야 싹을 틔우고, 낙엽을 떨어트린 나무는 긴 겨울을 지나 다시 봄이 와야 소생한다. 수형을 잡으려 가지치기를 하면 몇 년을 기다려야 원하는 곡선의 줄기를 만든다.

다음 해를 준비하기 위해 귀촌인은 바쁘다. 구근식물을 캐어

따뜻한 집 안에 보관하고, 추위에 얼어붙은 가지들을 잘라주고, 물길도 잡아 주고, 낙엽도 청소해 준다.

가지치기하다 간혹 잘못 자르는 순간에는 가슴이 철렁해진다. 다행인 것은 그 실수를 야단치지도 않고, 가르치려고 하지도 않고, 그냥 기다려 주는 이가 있기 때문이다. 시간이 지날수록 그를 이해하고 서로 소통이 가능해지게 된다.

잘못 자른 가지에서 눈길을 떼지 못하는 귀농 초년생의 가슴은 애가 타지만, 좌절감을 맛본 후 더 큰 행복감이 찾아온다는 것을 믿는다. 그렇게 자연에서 기다림을 배워간다.

## 매실나무 가지치기

───────

초보 가드너의 실수에 여기저기 잘려 나간 매실나무는 이듬해 새로운 가지를 만들기 위해 분주하다. 기다릴 줄 모르고 성급히 자르고 '아차' 후회하지만 걱정할 필요 없다. 자연은 모든 걸 이해해 주고 다시 원상 복구해 준다. 그래도 자른 가지들에서 느껴지는 아픔은 내 가슴을 파고든다. 올해는 신중해야지.

▶ 전지

• 용어: 전지는 전정과 정지의 합성어

　– 전정: 나무의 가지를 목적에 맞게 일부분을 잘라내는 것

　– 정지: 나무의 가지를 시작 부분부터 가지 자체를 제거하는 것

• 정의: 나무의 건전한 발육과 아름다운 수형을 유지하기 위하여 불필요한 가지를 잘
라주는 행위

• 목적: 나무의 생장촉진 및 생장 억제, 세력 갱신, 개화 및 결실 촉진, 생리조절 등

• 전지 대상

　– 위로 향한 힘이 강한 도장지 제거

　– 안으로 향한 내향지 제거

　– 아래로 향한 하향지 제거

　– 잘 뻗어가는 연장지에 방해가 되는 가지 제거

　– 주축이 되는 주지에서 너무 먼 잔가지 제거

　– 햇빛을 못 받는 가지 제거

　– 병충해 피해를 입은 가지 제거

　– 죽은 고사지 제거

　– 움 돋는 가지 제거

　– 통풍과 채광의 장해지 제거

　– 생육상 불필요한 가지 제거

- 전지 시기
  - 대부분 휴면기인 12~3월 사이에 하지만 나무 종류와 때에 따라서는 사계절 언제든지 가능
  - 다만, 개화와 결실의 습성에 따라 전정시기가 다르므로 나무의 특성을 파악해 전지할 필요
  - 예를 들어 철쭉류, 동백, 산수유, 벚나무 등은 꽃이 진 후에 전정을 해줘야 이듬해 개화 가능
- 전지 원칙
  - 가지에 바람이 잘 통하고 해가 잘 들게 해야 잘 자라고 병충해 피해가 적음
  - 나무는 뿌리뿐만 아니라 잎의 광합성이 주된 영양분 생성지이므로 잎의 수와 배열에 고민
  - 과일나무, 조경수, 울타리 등 나무의 성격과 활용 특성에 맞게 전지
- 전지 방법
  - 굵은 가지는 톱으로 자르며, 가지의 무게로 부러져 기존 줄기의 껍질이 벗겨지는 경우가 있으므로 자르는 부분의 아래쪽을 톱으로 살짝 썰어 둔 후에 위에서부터 자름
  - 얇은 가지는 전지가위로 자름
  - 가지를 자른 후 썩지 않게 도포제를 바름

※ 전지작업을 일이라 생각하지 말고 나의 공간을 아름답게 만들어 가는 과정이라 생각하고 즐기면서 해야 한다.

# 오늘 하루를 즐기면 된다

나는 장래의 일을
절대로 생각하지 않는다.
그것은 틀림없이
곧 오게 될 테니까.

- 아인슈타인 -

시간이란 무엇일까?

시간의 어원은 '나누다'에서 시작된다. 영어 'time', 프랑스어 'Temps', 라틴어 'Tempus'는 모두 '자르다'라는 그리스어 'Temno'와 '잘라냄'이라는 'Tome'에서 유래되었다.

자연을 구성하는 모든 테마는 시간에 구애받지만, 쉼 없이 흘러가는 시간을 인위적으로 나누는 것은 무의미하다. 플라톤은 시간을 '움직이지 않는 영원 속에서 끊임없이 움직이는 이미지'라고 정의했다.

흘러가는 시간을 토막토막 자른다고 해도 시간의 꼬리는 끊임없이 이어진다. 어느 한순간을 기준으로 과거와 현재를 나누는 것은 인간 중심적인 생각이다. 과거와 미래는 자신의 기준인 '현재'를 토막 낸 것이다. 인간처럼 시간도 나이를 먹는다면 구석기, 신석기, 청동기 시대는 점점 더 멀어져야 할 것이다.

시간은 앞으로만 간다. 영화에서 봤던 시간여행인 타임리프는 현실에서는 존재하지 않는다. 뉴턴의 상대성 이론은 시간을 거꾸로 흘러가게 해도 이론은 변하지 않는다고 하지만, 현실에서 벌어지는 현상은 되돌릴 수 없다.

더 중요한 것은 인간에게 있어 시간이란 일생에서만 의미가 있다. 태어나기 전과 죽은 후의 시간이란 역사일 뿐이지 자신에게는 전혀 의미 없는 시간이다.

일생을 구분하는 유아, 청년, 장년, 노년은 시간을 토막 낸 것이다. 억지로 잘라낸 흔적, 노년의 기준도 모호하다. 60, 65, 아니 70부터를 노년이라고 하는 의견도 있다. 그렇게 한들 무슨 변화가 있을까. 옛날에는 50만 넘어도 할아버지였고, 먼 미래에는 80은 넘어야 할지도 모른다.

같은 시대라 해도 나이를 기준으로 노년을 나누는 것은 실감 나지 않는다. 나이 오십이 넘으니 아직도 변화를 모르겠고 앞으로도 그럴 것 같다. 내가 살아온 세월은 어제일 뿐, 그리고 살아갈 세월은 내일일 뿐이다. 굳이 세월을 나눈다면 태어나기 전과 후로 나눌 수는 있을 것이다.


그렇다면 노후 대비가 필요할까?

노후 준비를 하는 것은 인간의 안전 심리일 것이다. 노쇠하고 병들고 힘없는 노년을 평온하게 살고 싶어서이다. 노후를 준비하면 안전한 노후가 보장될까?

1907년 금융공황으로 대혼란을 겪은 미국은 1913년 연방준비제도(Fed)를 설치했다. 그러나 1929년 대공항이 닥쳤다. 미국 은행들이 Fed를 믿고 투자자들에게 막대한 자금을 대출하는 등 방만 경영이 대공황의 원인 중 하나로 꼽힌다. 이러한 현상을 펠츠만 효과(Peltzman Effect)라고 한다. 안전을 도모할수록 오히려 위험도가 커지는 현상이다.

복잡 다양한 인간사회에서 안전은 담보할 수 없다. 아무리 안전장치를 마련해도 사고는 계속 일어난다. 안전 시스템을 갖춰도 교통사고는 일어나고, 재난대책을 세워도 대형사고는 일어난다.

　미래의 안전장치란 있을 수 없다. 수많은 보험을 들어놓고 연금과 현금을 보유해도 미래는 담보할 수 없다. 보험회사가 망할 수도 있고, 연금개혁을 할 수도 있고, 국가가 부도 날 수도 있고, 전쟁이 일어날 수도 있고, 교통사고로 다칠 수도 있고, 병들어 죽을 수도 있다.

　미래는 다양한 변수가 존재한다. 내일이라는 불확실성은 어떠한 안전장치로도 해결이 안 된다. 게다가 더욱 중요한 것은 노후 준비에 일생을 희생하는 것은 바보 같은 짓이다. 60부터 노년이라 한다면 60년의 세월을 고작 20~30년 세월을 위해 희생하는 것은 손해다.

　게다가 늙으면 즐길 수도 없다. 나이가 들면 몸도 피곤하고, 움직이는 것도 싫고, 시끄러운 곳에 가기도 싫고, 술 담배 맛도 무뎌지고, 인간관계도 줄어든다. 젊었을 때의 웃음, 흥분, 설렘이 사그라든다. 즐기려면 한 살이라도 젊었을 때 즐기는 편이 더 낫다.

노후를 대비할 필요 없다. 미래를 걱정할 필요 없다. 오늘 하루를 즐기면 된다. 시간을 토막 내 노년이라는 개념을 만들어 젊어서 고생하며 시간을 낭비하기에는 인생이 너무도 짧다. 하루하루를 살아가는 것이 미래를 준비하는 것이다.

　겨울에 먹을 식량 준비를 위해 일 년 내내 고생하지 말고 일 년을 즐겁게 보내며 그냥 겨울을 맞이하자. 아무리 잘 준비해도 겨울은 춥고 우울하다. 그리고 준비 안 한 겨울도 결국은 지나간다.

　시골살이를 시작하고 가장 먼저 장미터널을 만들었다. 매년 봄을 젊음과 사랑의 상징인 빨간 장미로 정원을 장식하고 싶어서였다. 단풍으로 물드는 가을이 아름답다지만, 아무리 그래도 꽃이 피고, 녹음이 짙은 계절이 더 낫다.

　미리 경험하는 은퇴

## 장미터널의 넝쿨장미 개화

———————

터널을 타고 오르더니 어느새 장미 줄기가 터널을 뒤덮었다. 가드너의 로
망, 장미터널을 뒤덮은 빠알간 장미의 미소를 내년쯤이면 한껏 만끽할 수
있겠지. 오월이 지나면 금세 사라지는 장미의 미소처럼 우리의 인생도 한
껏 즐기기엔 너무나 짧지 않은가!

# 지금까지의 삶에 감사해라

"우리의 미래는 밀가루 반죽과 같아요.
다양한 가능성으로 존재하죠.
우리가 관찰하고 인식하고 느끼는 에너지가
반죽의 모양을 형성하는 거예요.
그리고 완성된 반죽이 굳으면 우리 앞의 현실이 되죠.
다시 말해 쿠키를 어떤 모양으로 빚고 구워낼지는
우리 손에 달려 있다는 말이에요."

– 이서윤 · 홍주연, 《더 해빙》 중에서 –

"만약 당신이 당신 앞에 나타나는 모든 것을 감사히 여긴다면
당신의 세계가 완전히 변할 것이다."

25년간 미국 최대 토크쇼를 진행하며 연간 2천억 원 이상을
번 오프라 윈프리의 말이다. 명성과는 다르게 그녀의 과거는 어

두웠다. 사생아로 태어났으며 외삼촌에게 성폭행을 당해 14세에 임신하기도 했다. 출산과 동시에 아이가 죽고 그 충격으로 그녀는 마약에 빠져 지옥 같은 어린 시절을 보냈다. 그러던 그녀가 전 세계에서 가장 영향력 있는 토크쇼 진행자가 되었다. 그녀는 매일 다섯 가지의 감사한 일을 적고 잠자리에 든다고 한다. 사소한 일상에서 감사한 일을 찾는 그녀, 감사는 세포분열을 해 자꾸 감사할 일이 생긴다고 했다.

"감사 편지를 쓰면서 나는 비로소 나만의 고통에서 벗어나 다른 사람들을 보게 되었다. 여전히 세상에는 감사해야 할 사람이 많다."

미국 로스앤젤레스 대법원 판사 존 크랠릭도 감사를 실천했다. 사무실이 망하고 결혼 생활도 파경이 되는 최악의 상황에서 존 크랠릭은 15개월간 365통의 감사일기를 쓰면서 어려움을 극복했다. 소냐 류보머스키 캘리포니아 주립대학 교수도 '행복도 습관이다. 자꾸 좋은 경험을 해서 행복 습관을 키우는 것이 중요하다. 이를 실생활에 적용하고 싶다면 감사일기를 써라.'라며 감사의 중요성을 언급했다.

이 밖에도 수많은 명사가 감사하는 삶을 강조했다. 작은 일이든 큰일이든 삶을 살아가면서 어떤 이는 괴로워하지만 어떤 이는 다행이라며 감사해한다. 그 결과는 엄청난 차이를 불러일으킨다. 몸과 마음 상태가 달라지고 미래가 바뀐다.

감사하는 마음은 종교에서 가장 중요한 덕목이다. 기쁜 일이 있으면 당연히 신에게 감사해하고, 괴로운 일이 있어도 더 큰 일이 생기지 않음에 감사해한다. 어쩌면 종교는 최고의 인생 치유제일지도 모른다. 신이 있다면 들어주실 테고, 만약 신이 없다 해도 모든 일에 감사해하는 긍정적인 마음가짐을 갖는 힘을 길렀으니 말이다. 감사기도를 드리면 우리의 마음은 행복해지고, 축복을 받게 된다.

대한민국 상위 0.01%가 찾는 행운의 여신으로 불리는 이서윤, 그녀는 일곱 살에 운명학에 입문하고 동서양의 운명학을 빠짐없이 익혔고, 10만 건의 사례를 과학적으로 분석했다. 그녀에게 자문을 구하는 이들은 대기업 오너와 주요 경영인, 대형 투자자 등 극히 소수의 유명인이다. 그들의 돈과 명예를 얻은 비법을 그녀는 '해빙'이라는 단어로 압축한다.

이서윤은 독자에게 해빙 노트를 써 보라 권유한다. 매일을 살아가면서 감사한 일을 적어 보라는 것이다. 밑져야 본전이라는 심정으로 실천해 본 적이 있다. 거창하게 노트 정도는 아니라도 자기 전에 나에게 일어난 사소한 감사를 간단히 메모하기로 했다. 하루를 보내고 내가 살아 있는 것부터 고마운 일, 사람, 행위를 떠올려 봤다. 감사한 일이 없을 거라 생각했는데 이상하게도 메모장이 점점 길어질 정도로 감사한 일들이 생각났다.

인간으로 태어나 지금도 살아있다면 감사한 일은 무수히 많다. 빈손으로 태어나 양에 상관없이 가진 것에 감사해야 한다. 주위 사람들과 지금까지 별 탈 없이 지내 온 것에 감사해야 한다. 직장인이라면 몇십 년 동안 생계를 책임져 준 회사에 감사해야 한다. 앞으로 살아갈 날이 많이 남아있다는 것에도 감사해야 한다.

감사하는 마음을 가졌으면 입과 글로 그 감사를 표현하는 것은 더욱 중요하다. 생각만으로 끝나면 감사의 에너지가 활성화되지 않고 어느새 사그라든다. 밖으로 표현함으로써 감사를 형상화시켜야 한다. 그 기운이 내 남은 삶을 긍정적이고 밝고 행복하게 이끌어 준다.

꿈꾸던 귀촌이 현실이 되자, 모든 것에 감사하는 마음이 생겼다. 지금까지 걸어온 내 인생과 남은 인생, 이 모든 것이 나만의 힘으로만 되는 것은 아닐 것이다. 비록 평범한 일상, 무의미한 시간의 한 조각이라도 감사의 마음을 갖기로 했다.

그녀의 조언대로 첫 번째 감사 메모를 쓴다.

'나이 오십에 이른 귀촌을 할 수 있게 되어 감사합니다. 조용하고 아름다운 시골에서 내 집을 짓고 전원생활을 시작하게 되어 감사합니다.'

## 시골 정원에 심은 국화

———————

식물은 가드너가 키우는 것이 아니다. 하늘이 햇빛과 공기와 비를 내려 주어야 한다. 적절한 기후와 토양이 있어야 한다. 다 차려진 밥상에 가드너는 손가락을 스쳤을 뿐이다. 당연히 감사하는 마음을 가져야 한다. '정원 화초들이 잘 자랄 수 있게 도와주신 자연에 감사합니다.'

# 혼자에 익숙해져야 한다

"혼자일 수 없다면 나아갈 수 없다."

– 사이토 다카시, 《혼자 있는 시간의 힘》 중에서 –

"미래는 이미 와 있다. 다만 모두에게 균등하게 온 것은 아니다."

차이 나는 클라스에서 송길영 박사는 소설가 윌리엄 깁슨의 미래 이야기를 꺼냈다. 이미 미래는 와 있는데 누군가는 보고 준비했지만 누군가는 못 보거나 무시했다는 것이다.

코로나19로 우리 사회는 엄청난 변화를 겪었다. 재택근무가 일상화되고 모임이 터부시되었다. 당연시되고 효율성으로 대변되던 대면과 만남이라는 단어가 부정적인 이미지로 바뀌어 버렸다.

젊은 세대는 전화하는 걸 싫어해 전화 공포증까지 생겼다고 한다. 문자로 보내는 것이 예의고 전화는 무례라고까지 생각한다. 전화를 안 하다 보니 전화로 말하는 게 어색하고 꺼려지게 된다. 무인 판매점이 늘어나고 온라인 주문 배달앱이 생겨난 결과다.

대면과 만남을 꺼리지만 이상한 현상이 발생한다. 회사에서 회식한다고 하면 코로나19 때문에 싫다고 하면서 친구들끼리는 홈파티를 한다. 대면을 싫어하면서 또 다른 대면을 하는 아이러니, 이런 현상을 선택적 대면이라고 한다.


누군가에게 나는 만나기를 바라는 사람일까?

진정한 대면을 원한다면 상대방에게 만남을 바라는 사람이 되어야 한다. 물론 쉽지 않은 과제다. 자신을 단련하고 수많은 시간과 비용을 들여 노력해야 하기 때문이다.

그렇다면 이런 의문이 든다. '우리는 과연 누군가에게 좋은 만남이 되려고 굳이 노력할 필요가 있을까?'

젊은 세대들이 만남을 꺼려 한다고 하지만 결국 인간은 모두 마찬가지다. 나이가 들어도 만남이 편하거나 좋은 건 아니다. 조직에서 살아남기 위해, 외톨이가 되지 않기 위해 어쩔 수 없이 만남을 이어왔다. 만남에 스트레스를 받기도 하고, 언제 만남에서 해방될까 꿈꾸기도 한다.

만남을 꺼리면서도 또 다른 만남을 그리워하기도 한다. 내가 좋아하는 가족, 친구, 아니면 새로운 사람, 우리는 만남을 버리지도 못한다. 쉽게 그 만남을 실행하지 못하는 건 그도 나와 만나기를 희망하는지가 걱정되기 때문이다.

사이토 다카시는 《혼자 있는 시간의 힘》에서 고독은 긍정적인 상태라고 말한다. 적극적으로 고독과 마주하라고 조언한다. 그는 혼자 있는 시간을 어떻게 보내느냐에 따라 인생을 완벽하게 바꿀 수 있다고까지 말한다.

사람들이 혼자 있는 걸 두려워하는 이유는 나 혼자만 그런 것 같은 착각에 빠지기 때문이다. 다른 사람들은 누군가와 함께 교류하고 친밀감을 유지하는데 나만 혼자면 소외된다고 자책하게 된다.

그러나, 수많은 만남을 유지하던 이들도 언젠가는 혼자가 된다. 아니, 수많은 만남을 하면서도 인간관계에 두려움은 여전히 있고 외로움은 완전히 사라지지 않는다. 그들을 더욱 힘들게 하는 건 먼 미래에 원치 않은 고독에 빠지는 날이 불쑥 찾아온다는 것이다.

만남을 최소화하고 거기에 익숙해져야 한다. 퇴직 후에는 당연히 만남이 줄어들 것이다. 억지로 만남을 추구한다면 상대방에게 원치 않은 만남을 강요하는 내가 될 수 있다. 만남을 갈구하지 말고 혼자인 삶을 받아들여야 한다.

그러려면 그런 환경에 자신을 갖다 놓아야 한다. 그리고 그 환경에 적응하는 훈련을 해야 한다. 이게 바로 다가올 미래를 준비하는 과정이다.

## 집 앞 외로운 소나무

---

거실에 앉아 있으면 언제나 내 시선은 집 앞 소나무에 머문다. 양 갈래로 갈라져 우아한 자태를 뽐내며 홀로 세월을 버텨나가는 소나무는 내게 삶의 용기를 더한다. 누가 물을 주지 않아도, 비바람이 몰아쳐도, 한파에 눈송이가 내려앉아도 소나무는 꿋꿋이 버티며 항상 그 자리를 지킨다.

# 노후에도 소원을 빌어라

지금 당신의 삶은
지난날 당신이 한 생각들이
현실에 반영되어 나타난 결과물이다.

– 론다 번, 《시크릿》 중에서 –

니콜라 테슬라는 자신의 소원을 말과 생각으로 반복하라는 '369 기술'을 제시했다. 소원이 말과 생각으로 표출되지 않으면 충분히 진동하지 못하고 강한 힘을 발휘하지 못한다는 것이다.

법담 스님도 소원을 이루는 방법으로 소원의 구체화와 영상화를 강조했다. 소원을 이루기 위해 노력하고 기도하기 전에 그 소원이 어떤 것인지를 명확히 제시하는 것이 중요하다고 했다.

《베일 벗은 미스테리》의 저자 고드프리 레이킹도 소원의 이미지화를 강조했다. 사람의 마음속에서 작용하는 시각의 힘, 성취하기를 바라는 열망을 의식적으로 마음속에 그리면 실제하는 경험으로 나타난다는 것이다.

존 아사라프는 《부의 해답》에서 무의식적인 뇌가 새로운 결정 사항을 받아들여 인식하는 데는 30일 정도가 걸린다고 것을 실험으로 입증했다. 즉 어떤 목표가 있으면 몸을 단련시키듯 뇌도 일정 기간 적응할 수 있도록 훈련시켜야 한다는 것이다.


인간이 의식적으로 떠올리는 이미지는 우주에 존재하는 것들이다. 추상적인 생각조차도 그 안에 어떤 이미지가 들어 있다. 원하는 것이 있으면 그것을 확실히 정하고 그 꿈이 이루어진 장면을 그려보는 것이 중요하다. 시각 활동과 창조의 힘은 신적 자아의 속성이며 우리 안에 항상 존재한다는 것이 학자들의 견해다.

소원을 시각적으로 이미지화하는 것을 심상화라고 한다. 심상화 방법 중 가장 효과적인 방법은 그 소원을 손으로 직접 쓰는 것이다. 짧고 명확하게 그 소원을 표출된 단어로 적는다면 우리의 의식은 깨어난다. 또한 손으로 직접 쓰는 것과 기억력 사이에는 강한 상관관계가 있기 때문에 더 오래도록 기억에 남는다. 기억력은 잠재의식과 관련되어 있어 소원을 이루기 위혜 자신도 모르는 사이에 해결 방법을 찾아내게 된다.

우리가 원하는 것을 정확히 아는 것, 그것이 바로 소원을 이루는 첫 단계다. 그 소원이 이루어질 것이라는 확실한 믿음을 갖는 것이 그다음 단계다. 그렇게 소원을 시각화하고 소원을 끌어당길 수 있는 모든 에너지를 동원하다 보면 어느새 꿈은 현실이 된다.

헨리에트 앤 클라우저는 《종이 위의 기적, 쓰면 이루어진다》에서 꿈과 소원을 종이에 적는 것은 우주에 신호를 보내는 것과 같다고 했다. 고대 이집트인에게서 시작된 믿음의 힘, 그것은 바로 쓰기다. 소원을 적은 것은 미래에 메시지를 보내는 일종의 의식이다.

유명한 영화배우 짐 캐리는 무명 시절 할리우드의 가장 높은 언덕에 올라 자신에게 백지수표를 건넸다. '출연료 천만 달러 지급'이라고 자신이 직접 적은 수표였다. 5년 후 그의 출연료는 정말 천만 달러를 넘었고, 그 백지수표는 현실이 되었다.

대학을 합격하고, 결혼을 하고, 취직을 하는 데 소원을 빌었듯이, 퇴직 후 삶에도 간절해야 한다. 이젠 모든 것이 끝났다고 등한시하면 안 된다. 퇴직 후의 인생도 살아온 세월만큼 길고 중요하다. 아니 더 걱정되는 삶이다.

똑같이 꿈을 꾸고, 소원을 빌고, 또 구체적으로 준비해야 한다. 끝난 인생이라고 죽음만 기다리는 헛된 삶 취급을 한다면 불행한 노년을 보내게 된다. 미리 준비하고 착실히 대비해 나가야 한다.

젊었을 때만 소원을 비는 것은 아니다. 노년의 삶에도 애정을 갖고 소원을 갈구해야 한다. 죽기 전까지 인간은 항상 불안하고 부족한 존재다. 소원을 비는 행위를 통해서 인간은 심적으로 평온해지고 또 노력하게도 된다.

전원주택 정원 입구에 마리아상을 해외직구로 구매해 설치했다. 아침에 일어나 정원에 들어서면, 나도 모르게 두 손을 살포시 모으고 고개를 숙인다. 그리고 소원을 마음에 새긴다.

'우리 가족 모두 건강하고 평온하고 행복하게 해 주세요.'

## 정원 입구 마리아상

———

소원을 비는 것에는 비용이 들지 않는다. 어제를 무사히 지내고, 오늘 하루를 선물받고, 밝은 미래를 염원하며 하느님께 감사드린다. 이른 새벽 두 손을 꼭 모으고 간절히 소원을 읊조리면 나도 모르게 그 소원이 이뤄질 것 같은 기분이 든다. 어쩌면 소원은 내가 나를 다독거리는 채찍질일지도 모른다.

# 원하는 것을 해야 행복하다

우리는 부모가 됐을 때
비로소 부모가 베푸는
사랑의 고마움이 어떤 것인지
절실히 깨달을 수 있다.

- 헨리 워드 비처 -

"지금 안 것들을 예전에 알았더라면 얼마나 좋았을까!"

화려했던 전성기를 지나 인생 후반전을 준비 중인 혼자 사는 중년 여자 스타들의 동거프로그램 〈박원숙의 같이 삽시다〉에서 그녀들이 과거를 회상하며 한 말이다.

그녀들 말에 공감이 간다는 건 나도 나이를 먹었다는 뜻. 예전에 알았더라면 좋았을 것들을 되새겨봤다. 먼저 40대가 되어 실감했던 말은 '공부도 때가 있다'는 말이다. 유학 시험을 위해 뒤늦게 외국어 공부를 시작하면서 절실히 깨달았다. 한 시간 이상 집중하기도 힘들고, 어제 외운 단어가 하나도 기억나지 않는 걸 몸소 체험했으니 말이다.

'젊었을 때 건강 지켜라'는 말은 두말할 나위도 없다. 50대에 접어드니 몸의 적신호가 하나둘 켜진다. 정기 건강검진을 형식적인 의식으로만 여겼지만 지금은 '재검'이라는 검진 결과에 민감해진다. 고혈압, 당뇨, 고지혈은 기본이고 몸의 피곤함을 자주 느낀다.

또 하나 실감하는 말이 있다. '아이 길러봐야 부모 심정 안다'는 말이다. 부모 심정 헤아리지 못하고 투정 부리고 화까지 내던 어린 시절을 생각하면 후회막심이다. 부모님이 얼마나 속상했을까 이제야 이해하기 때문이다.

망설이고 망설이다 전원주택이 거의 완공될 무렵에야 부모님께 귀촌을 말씀드렸다. 완공 후 입주 예배를 부탁했더니 아버지는 기꺼이 수락해 주셨다.

'너희들이 원하는 것을 했으면 좋겠다.'

설교의 핵심은 원하는 대로 사는 것이 행복이라는 말씀이었다. 브로니 웨어는 《내가 원하는 삶을 살았더라면》이라는 책에서 죽음을 앞둔 사람들이 가장 후회하는 다섯 가지를 꼽았다. 그중 첫 번째가 '다른 사람이 아닌, 내가 원하는 삶을 살았더라면'이다. 부모님도 긴 인생 경험 후에 얻은 값진 교훈을 자식에게 남기고 싶으신 것이었다.

전원주택 거실에 부모님이 보내 주신 성경책을 고이 올려놓았다. 자식을 한없이 사랑하는 부모의 마음을 영원히 간직하고 싶어서였다. 새벽마다 교회에 나가 가족 위해 기도하신 아버지 덕에 지금까지 탈 없이 살아온 것 같다.

미리 알았더라면 속 썩이지 않았을 텐데, 과거가 후회되지만 어쩔 수 없는 것이 인간의 한계다. 게다가 더욱 어리석은 것은 뒤늦게 깨달아도 쉽게 개선하지 않는다는 것이다. 효도하고 싶어도 쉽게 행동으로 옮기지 못하는 불효자식이 글로나마 마음을 전해본다.

'부모님 감사합니다. 그리고, 사랑합니다.'

## 딸이 그린 부모님

아버지는 젊었을 때 음악 밴드 활동을 하신 경험으로 가끔씩 기타를 치시며 노래를 부르신다. 오래 사는 것도 중요하지만, 그보다 더 중요한 것은 그 세월을 어떻게 보내느냐다. 늙었다고 아무 일도 하지 않고, 죽음만을 기다린다면 그 인생은 즐겁지도 않고 아깝기 그지없다. 늙어서도 하고 싶은 일을 하고, 취미생활도 하며 즐겁게 보내는 것이 좋다. 그것이 내가 원하는 노후의 삶이다.

제2장

# 시골살이도
# 적응이 필요하다

# 마음 편한 곳이 고향이다

자연과 멀어지면
병원과 가까워진다.

– 법정 스님 –

세포 생물학자 브루스 립튼 박사는 질병의 95%는 스트레스가 원인이라고 했다. 누구나 스트레스 없는 삶을 원하지만 업무와 인간관계상 스트레스는 피할 수 없다. 특별히 병은 없는데 심신이 피로해지고 결국 병원에 가면 의사 처방은 한결같다. 스트레스가 만병의 근원이라고.

몸과 마음은 연결되어 있다. 스트레스를 받으면 몸이 반응하기 시작한다. 불안해지기도 하고, 화가 나기도 한다. 짜증이 나기도 하고 가슴이 두근거리기도 한다. 식욕도 없어지고 피곤함이

미리 경험하는 은퇴

밀려오기도 한다.

스트레스를 받아 몸의 변화가 감지되면 그 변화를 인지하고 몸을 이완하는 것이 중요하다. 감각을 곤두세워 내 몸이 어떤 반응을 보이는지 세심히 관찰해야 한다. 변화가 감지되었다면 마음을 가라앉히고 평온을 찾아야 한다. 발표 전 긴장될 때, 숨을 크게 내쉬며 몸을 이완하는 원리다.

몸을 이완시키는 최적의 장소로 자연을 빼놓을 수는 없다. 미국 환경생리학자 로저 울리히가 수술 입원 환자를 대상으로 한 실험이 주목받는다. 그는 숲이나 정원이 보이는 병실 환자들이 벽면과 담만 보이는 병실 환자보다 회복 기간이 빠르다는 연구 결과를 도출해 냈다.

자연은 몸을 이완하는 것은 물론, 인체의 면역력도 증가시켜 준다. 피톤치드, 음이온, 산소, 소리, 냄새 등 자연에는 건강에 이로운 물질이 무궁무진하다. 자연과 함께하면 불안감, 우울감이 없어지고 심폐기능도 좋아진다는 것이다.

헛구역질이 나다가도, 좋은 냄새, 맑은 햇살, 행복한 추억 등을 생각하면 금세 회복되는 경험을 한다. 어떠한 약도 먹지 않았는데 나도 모르게 상태가 개선된다. 마음과 몸이 연결되어 있다는 증거다.

'좋은 집은 비싼 집이 아니라 우리에게 긍정적인 영향을 주는 디자인의 집이다.'라고 미국 건축평론가 세라 W. 골드헤이건은 말했다. 긍정적인 영향을 주는 것이 바로 자연이며, 자연 풍광을 20초만 접해도 빨라진 심장박동이 진정되고 3~5분이 지나면 높아진 혈압도 정상으로 돌아온다는 것이다.

자연은 그 자체로 치유이다. 계절별로 바뀌는 색채와 편안한 음파로 들리는 새소리, 오염되지 않는 청정 공기와 심신을 이완하는 향기, 자연 속에 있으면 저절로 몸과 마음이 평온해진다. 몸과 마음의 병이 난 이들이 자연인이 되고 나서 치유되는 사례를 우리는 많이 듣고 목격한다.

5도2촌을 하면서 자연의 효능을 몸소 체험한다. 도시에서 받은 스트레스가 시골에 도착하는 순간, 치유되는 것을 느낀다. 몸이 이완되면서 불안하고 우울했던 마음이 편안해지고 행복해진다. 심신이 편한 곳, 그곳이 바로 고향이고 집이다.

## 정원에 소담한 연못 만들기

정원에 꽃과 나무를 심었지만 뭔가 부족함이 느껴졌다. 새소리, 풀벌레 소리가 들렸지만 뭔가 빠진 것 같은 느낌이었다. 역시 정원에는 연못이 있어야 제격. 큰 연못은 엄두가 나지 않아 소담한 연못을 만들었다. 태양열 워터 펌프를 설치해 대나무 안으로 물이 흐르게 했다. 또르륵 작은 물줄기는 수생식물을 감싸고 돈다. 내 마음에는 평온이 감돈다.

# 시골은 백색소음의 공간이다

글쎄, 해님과 달님을 삼백예순다섯 개나
공짜로 받았지 뭡니까
그 위에 수없이 많은 별빛과 새소리와 구름과
그리고
꽃과 물소리와 바람과 풀벌레 소리들을
덤으로 받았지 뭡니까
이제, 또다시 삼백예순다섯 개의
새로운 해님과 달님을 공짜로 받을 차례입니다
그 위에 얼마나 더 많은 좋은 것들을 덤으로
받을지 모르는 일입니다
그렇게 잘 살면 되는 일입니다
그 위에 더 무엇을 바라시겠습니까?

− 나태주 시인 −

맹꽁이는 '맹꽁' 하고 울지 않는다고 한다. 박시룡 교수는 맹

　미리 경험하는 은퇴

꽁이의 울음소리를 관찰하고는 맹꽁이가 '맹'이나 '꽁' 중 한 가지 소리로만 운다는 걸 알아냈다. 짝짓기 시기가 오면 맹꽁이는 서로 '맹'과 '꽁'으로 화답하며 사랑을 확인하는데, 우리가 듣기에는 한 마리가 '맹꽁' 하고 운다고 착각하는 것이다.

자연은 하루 종일 소리를 뿜어낸다. 그들만의 소통방식으로 서로 다른 음파를 발산한다. 이를 듣는 우리는 자의적으로 해석한다. 기분과 분위기에 따라 다른 소리로 들리기도 하는데 도시로 비유하자면 일종의 소음과도 같은 것이다.

자연에서 들리는 소리를 백색소음(White noise)이라 한다. '백색'은 '자본주의'를 뜻하며 '사회주의'와 달리 다양한 색깔이 공존하며 어우러지는 환경을 의미한다. 즉 백색소음은 '0에서 무한대까지 주파수가 골고루 분포되어 있는 잡음'이라 정의할 수 있다.

인간 세상이 다양할진대 자연이야 오죽하랴. 온갖 생물이 살아 숨 쉬는 대자연은 소리의 보물창고다. 새소리는 기본이고 물소리, 바람 소리, 풀벌레 소리, 나뭇잎 흔들리는 소리, 동물이 움직이는 소리, 낙엽 떨어지는 소리, 온갖 소리가 혼합되어 있다.

게다가 사람도 자연의 일부라 자연의 소리에 첨가를 한다. 발자국 소리, 말하는 소리, 웃는 소리, 물 주는 소리, 농약 주는 소리, 자동차 소리까지. 이 모든 소리는 서로 어울려 일정한 주파수대를 형성하며 귀에 익숙한 소리로 다가온다. 이른바 '백색소음'을 만들어 내는 것이다.

생명체는 생과 사를 반복한다. 인공적인 처리가 불가능한 자연에서 죽은 생명체는 부패를 하는데, 신기하게도 냄새가 나지 않는다. 자연에서 나오는 피톤치드가 냄새를 잡아주는 것이다. 소리 또한 마찬가지. 자연의 소리는 시끄러운 잡음을 없애 주는 역할도 한다. 백색소음은 다른 주파수대를 넘어서는 소리까지 희석시켜 버린다.


전원생활의 많은 장점 중 빠질 수 없는 것이 바로 이 '백색소음'이다. 하루 종일 귀에 익은 편안한 소리를 들려주는 자연, 그중에서도 가장 행복할 때는 바로 아침에 들려오는 '새소리'다.

시골의 아침은 빠르다. 괜히 일찍 깨기도 하지만 날 더워지기 전에 밭일을 해야 하기에 그렇다. 여명을 흩트리며 현관문을 열고 나서는 순간 들려오는 아침 새소리는 청명하기 그지없다. 그 소리에 내 몸의 모든 세포가 반응한다. 상큼한 기분을 느끼며 온

몸을 치유하는 순간이다.

인간은 왜 소리에 민감할까? 오감 중에서 가장 수동적인 기능이 귀라고 한다. 다른 기관은 의도적으로 거부할 수 있지만 귀는 그렇지 못하다는 것이다. 생의 마지막 순간까지 인지하는 기관이 청각이기에 종교에서는 소리를 통해 가는 길을 배웅하기도 한다.

소리는 세포 구조를 변화시킬 정도로 강력한 에너지를 가지고 있다. 일본에서는 자연의 소리를 들려주면 좌뇌의 산소와 헤모글로빈 농도가 변한다는 실험 결과가 나오기도 했다. 독일에서는 금화조가 소음에 노출되면 생명이 단축된다는 연구 결과가 발표되기도 했다.

전원생활은 단순한 인간의 귀향 본능의 행위로만 여길 일이 아니다. 심신을 안정시켜 주는 무궁무진한 백색소음을 만들어내는 공간에서 그간 병들어 있던 내 몸을 치유하는 병원인 셈이다. 게다가 보험료도 치료비도 무료라는 혜택이 있다.

## 새집 만들기        새 둥지 만들기

————————

이른 새벽 동이 트자마자 뒤뜰을 걷는다. 상쾌한 아침 공기가 폐부에 스며든다. 밤새 무사한 꽃과 나무에게 눈인사도 하고, 안개가 내려앉은 마을 풍경도 감상한다. 뒷동산으로 시선을 돌리면 오케스트라 공연이 볼륨업되어 울린다. 시골 새벽의 새소리는 청명하기 그지없다. 도시에서도 분명 들었을 테지만 전혀 다른 느낌이다. 소음도 없고, 새 종류도 다양하고, 듣는 이의 마음도 다르기에.

# 사람도 자연의 일부다

"자연을 예찬한다는 것은,
곧 나도 자연의 일부니까
나를 예찬하는 것과 같다."

– 유승도 시인 –

사람만 아프고 병드는 줄 알았다.

물론 식물도 병이 있다는 걸 알았지만 직접 키워 봐야 실감하게 된다. 마트에서 깨끗하고 품질 좋은 농산물만 사다 보니 농산물은 병이 적은 줄 착각했던 것이다.

농작물에는 수많은 벌레가 기생한다. 생전 듣도 보도 못한 병해충이 잎사귀와 열매를 갉아 먹고 자란다. 보이는 벌레도 있지만 보이지 않는 바이러스도 있다. 처음에는 친환경 약제를 조제

해 뿌리기도 하지만 결국 농약방을 찾을 정도로 감당이 안 된다.


농촌은 온갖 생물을 체험하는 곳이다.

도시에서는 잊고 살았던 생물도감 주인공들이 농촌에서 살다 보면 하나둘 출현한다. 개미, 모기, 벌, 지렁이, 지네는 물론이고 새들과 짐승들, 자연에는 정말 많은 생물이 함께 공존한다는 사실을 실감하게 된다.

식물도 마찬가지, 텃밭에 심은 농작물 이외에도 이름을 알 수 없는 수많은 풀이 뽑으면 또 자라기를 반복한다. 며칠만 지나면 꽃을 피우고 열매를 맺으며 형태를 완성한다. 그 씨앗이 날려 흙 속에 묻혔다가 또 싹 트기를 반복한다.


귀촌은 인간을 철학자로 만든다.

시골살이를 하면 자연의 이치를 저절로 깨닫게 된다. 그동안은 인간이 지구의 주인이고 나머지는 인간을 위해 존재하는 줄만 알았다. 지구에는 온갖 생물, 인간을 포함해 모든 살아 있는 것들이 저마다의 삶의 방식으로 함께 살아간다는 것을 알게 된다.

살아 있는 모든 것은 생을 유지하기 위해 무던히 애를 쓴다.


미리 경험하는 은퇴

온도와 환경과 시기를 맞춰 태어나고 처절하게 살아간다. 풀은 뽑아도 흙만 묻어 있으면 다시 살아나고, 나무는 싹둑 잘라도 다시 순이 돋고 가지가 생겨난다.

개미나 벌레들은 아무리 살충제를 뿌려도 얼마 후 또다시 나타난다. 새들은 쉴 새 없이 짖어대며 먹이를 찾아 하늘을 날아다닌다. 바람은 바다와 육지의 온도 차에 따라 살랑살랑 불기도 하고 세차게 휘몰아치기도 한다. 구름은 바람 따라 흘러가며 비와 눈을 만들고 하늘과 땅을 오간다.

자연 앞에서는 겸손을 배우게 된다.

인간이 대단한 존재가 아니란 걸 어느 순간 느끼게 된다. 인위적인 행위로 자연에 대항해 보지만 한없이 부족하고 미약하다는 걸 절실히 느끼게 된다.

뽑아도 뽑아도 다시 나오는 잡초와 싸우기를 포기해 버린다. 죽여도 죽여도 다시 나타나는 벌레와 익숙해지려 한다. 뿌려도 뿌려도 다시 생겨나는 병해충에 일부라도 수확하면 다행이라 여긴다.

인간도 지구에 존재하는 생물의 하나일 뿐이다. 태어나 자라고 병들고 죽으면 후손이 다시 이어간다. 지구의 모든 생물이 그렇게 저마다 위치에서 생과 사를 반복하며 살아간다.

대단한 존재인 줄만 알았던 인간, 미개한 존재인 줄만 알았던 벌레, 쓸모없는 존재인 줄만 알았던 잡초, 저절로 수확하는 줄만 알았던 농작물, 이 모든 것이 모여 자연을 구성한다. 우위를 정할 수도 없고 모두가 평등하다.

## 텃밭 잡초

———————

언제부턴가 잡초와 싸우지 않기로 했다. 어느 무더운 여름날 겁 없이 덤볐다가 호되게 패한 후부터다. 농작물을 덮거나 미관상 참을 수 없을 정도일 때는 어쩔 수 없이 날카로운 낫과 예초기를 들이댄다. 풀을 뽑으면 깨끗하지만 다시 잡초들이 발아하고, 흙이 유실되기도 한다. 차라리 제초를 하면 이발한 것처럼 깔끔하기도 하고, 향긋한 풀내음도 맡을 수 있다. 이기지 못하면 공존할 수밖에.

전원
생활
팁

▶ 병해충 정보
· 국가농작물병해충관리시스템
  – 식량작물, 과수, 채소, 화훼, 특용작물 등 병해충 정보
· 사이트: https://ncpms.rda.go.kr/npms

# 시골에서는 창의적이어야 한다

"자연은 순수를 혐오한다."

- 윌림엄 해밀턴 교수 -

"창의성이란 시끄러운 곳에서 나와요. 모두가 다 똑같고 모든 일이 질서정연한 곳에서는 창의성이 안 나와요. 창의성이란 다양성에서 나옵니다."

최재천 교수는 창의성을 이야기하면서 해충과 질병을 예로 들었다. 어제까지 평범한 곤충에 불과했던 생물들이 인간이 농사를 짓기 시작하면서 해충으로 전락해 버린다. 인간은 더럽고 지저분한 땅을 일구고 품질 좋은 우수 종자만을 심는다. 깨끗하고 안전한 수확을 기대하지만 자연은 그냥 내버려 두지 않는다.

어느 순간 수많은 잡초와 벌레들이 모여들기 시작한다.

그런 꼴을 보기 싫은 인간은 그것들을 없애기 위해 제초제와 살충제를 마구 뿌린다. 살충제를 아무리 뿌려도 해충은 완전히 박멸되지 않고 면역력이 강해진 해충이 다시 찾아온다. 결국 인간은 더욱 강력한 살충제를 만들지만 밭에는 여전히 해충들이 공존한다.

조류독감도 마찬가지다. 철새들에게 조류독감은 감기와 같다. 죽는 철새들도 있지만 다양한 유전자를 가진 철새들은 살아남아 생을 이어간다. 인간에 의해 바이러스가 줄어든 깨끗한 환경에서 결국 단일 유전자로 육성된 가축들만이 조류독감에 희생될 뿐이다.


인간이 다양성을 거스르면 자연의 순수는 상실된다. 자연은 시간이 흘러갈수록 다양성을 진화하는 방향으로 흘러왔기 때문이다. 다양한 종의 생물이 생겨나고 그로 인해 더욱 강해지는 것이 자연의 이치다. 그게 태초부터 지금까지 지구가 유지돼 온 비결이다. 깨끗한 환경에서 선택받은 생물만이 안전하게 살아가는 것을 자연은 절대로 허락하지 않는다.

미리 경험하는 은퇴

인간이 도시를 건설하고 질서정연한 환경을 만드는 데서 문제는 발생한다. 인프라를 구축해 환경을 정비하고 해로운 것들을 박멸하고 더러운 곳을 없애버린다. 우수한 종자만으로 육종된 작물을 심고, 해충과 질병이 생기면 약을 살포한다. 바이러스나 병에 걸린 가축들은 몰살시켜 묻어버린다.

인류의 종족 유지방식도 마찬가지다. 인종의 다양성, 문화의 다양성을 거부한다. 단일민족을 자부하며 타민족을 배척한다. 자신들의 문화만이 우수하다고 내세우며 다른 문화와 융합되기를 거부한다.

'다양성은 가치가 분화되고 세계관이 분화되는 것과 같다.'고 김상환 교수는 말했다. 한평생 군인, 학자, 개그맨으로 산 사람들은 자기 직업에 철저할수록 그 직업이 요구하는 규범과 조건을 익히고 내면화하면서 자연스럽게 다른 직업을 가진 사람과 완전히 다른 가치관, 완전히 다른 세계관에 빠지게 된다는 것이다.

그러고 보면 과거에는 달랐다. 아리스토텔레스나 데카르트 같은 철학자들은 철학부터, 정치학, 경제학, 동물학 모든 학문을 섭렵했다. 지금의 지식인, 아니 일반인도 마찬가지겠지만 특정 분야의 전문가가 되기만을 원한다. 분업화되고 체계화된 현대사회에서 자신도 모르게 그 분야에 함몰되어 간다.

도시 생활은 인간의 능력을 단순화시킨다. 아파트에 살면 먹고 자고 출근하기만 하면 된다. 깨끗이 정돈된 환경 속에서 만일 문제가 생긴다면 그 분야 전문가를 부르면 모든 게 해결된다.

시골 생활은 전혀 다르다. 융합적이고 창의적 인간으로 만든다. 시골에 살다 보면 건축가, 정원가, 인문학자, 식물학자, 중장비기사, 모든 분야에 전문가가 되어야 한다. 조경을 설계하고 밭을 일구며 다양성을 배우고 창의성을 발휘하게 된다. 고장 난 장비를 수리해야 하고, 집을 유지 보수해야 하고, 병해충을 없애야 하고, 새로운 식물을 심고 필요 없는 식물을 제거해야 한다.

'안전은 성장하지 않는 것을 의미하고, 성장하지 않는 것은 곧 죽음을 뜻한다.'라고 심리학자 웨인 다이어는 경고했다. 다양성을 배척하고 질서와 정돈만을 원한다면 안전을 얻을 수는 있겠지만 결국 퇴보하는 길이다. 자연과 더불어 살기를 원한다면 끊임없이 융화하고 창의적이어야 한다.

# 낫갈이 장치 만들기

———

시골에서 가장 많이 사용하는 농기구를 꼽으라면 단연코 낫이다. 팔이 뻐근할 정도로 날의 무뎌짐에 민감하다 보니 낫갈이는 필수다. 수돗가에 쪼그려 앉아 낫을 갈다 보면 어떻게 하면 쉽게 낫을 갈 수 있을까를 고민하게 된다. 고민을 거듭하다 보면 내재되어 있던 창의성이 꿈틀거리며 나만의 훌륭한 걸작품이 탄생하기도 한다.

▶ 농약이란
- 농작물의 생육을 촉진 또는 억제하는 약제, 착색을 좋게 하여 농작물의 품질을 향상시키는 약제

▶ 농약의 종류(2022년 기준)
- 살균제 710종, 살충제 636종, 제초제 615종

▶ 농약 등록 관리
- 농약관리법에 따라 이화학 분석, 약효 · 약제, 인축 · 생태 독성, 작물 · 토양잔류 시험성적서 등 농촌진흥청에서 심의하여 등록 관리

▶ 농약의 독성
- Ⅰ급(맹독성), Ⅱ급(고독성), Ⅲ급(보통독성), Ⅳ(저독성)

▶ 농약잔류허용 기준
- 국내 등록된 농약 중 무기성분, 미생물, 천연유래 농약을 제외한 화학농약 등에 대해 잔류허용기준 설정

▶ 농약안전사용기준
- 수확기 농산물이 농약의 잔류허용기준을 초과하지 않도록 하기 위하여 작물별로 농약의 살포 횟수와 수확 전 최종 살포 시기를 제한하는 기준

▶ 농약사용 시 주의사항
- 농약 살포시 방제복, 고무장갑, 장화, 마스크, 보호안경 등 개인 보호구 반드시 착용
- 농약 살포 시 수건을 목에 걸면 농약 흡입이 더 빨리 됨
- 농약 희석비율 준수
- 바람을 등지고 살포
- 2시간 이내 살포 작업 마무리
- 살포 시 흡연 및 음식물 섭취 금지
- 뜨거운 날씨를 피하고 살포 후 충분한 휴식
- 살포 후 비눗물로 샤워
- 농약 살포 시보다 농약 희석 시 노출량이 더 많음
- 전진 살포가 후진 살포보다 약 9.9배 노출량이 더 많음
- 노지 살포보다 시설하우스 살포가 노출량이 더 많음

# 시골의 아침은 붉다

숫돌에
밤새 갈아
날이 선 새벽은

볕 그을린
분홍빛 종아리로
일어선다

동녘의
계단 오르는
뺨이 붉은 발소리

– 신순말, 〈아침놀〉 –

'새벽 어스름이 스러져 가고 있는 한겨울 들판을 기차가 달리

고 있었다.'

조정래 작가는 《한강》이라는 소설에서 새벽을 헤치며 달리는 기차를 묘사했다. 그 기차에 탄 사람이 여독에 지쳐 잠시 졸다가 깨었다면 분명 하늘빛에 저녁노을인지 아침노을인지 혼란스러 웠을 게다.

이른 새벽, 하늘에 불이 난 줄 착각할 정도로 붉게 물든 아침 노을을 볼 때가 있다. 저녁노을이야 자주 볼 수 있지만 아침노을 은 일찍 일어난 자에게만 주어지는 선물이다. 흔히 볼 수 없기에 더 아름답고 신비스러운 경험이다.


해가 뉘엿뉘엿 질 무렵, 서쪽 하늘을 붉게 물들이는 저녁노을 은 단연 멋진 풍경이다. 나이가 들수록 지나온 세월이 생각나 더 욱 애잔해지기도 한다. 사그라드는 태양이 사뭇 자신의 인생과 같다고 생각할지도 모른다.

김영랑 시인의 〈모란이 피기까지는〉에 등장하는 '찬란한 슬 픔의 봄'은 역설법으로 자주 인용되는 구절이다. 화왕으로 불릴 만큼 화려한 모란꽃이 피는 찬란한 봄이지만 다시 모란꽃이 지 듯 영원할 수 없는 아름다움이 암울한 시기와 맞물려 '찬란한 슬

미리 경험하는 은퇴

품'으로 표현된 것이다.

어쩌면 노을도 마찬가지다. 마치 꽃이 피는 것처럼 태양이 하루 중 가장 아름다운 색감을 표출하지만, 태양은 곧 질 테고 어둠이 찾아올 것이란 걸 우리는 안다. 밋밋했던 파란 도화지를 아름다운 색으로 색칠하지만 그걸 바라보는 마음은 애잔하다.

저녁노을과는 대조적으로 아침은 희망이라는 단어로 표현된다. 어둠에서 밝음으로, 슬픔에서 행복으로 변하는 순간이다. 어둠에서 희미한 빛줄기가 새어 나오고 서서히 대지는 모습을 드러낸다. 생물들이 기지개를 켜고 잠을 깨며 다시 생을 부여받는다. 인간은 잠에서 깨어나고 식물의 잎은 빛 에너지를 화학 에너지로 바꾸는 작업을 시작한다. 곤충과 벌레도 싱그러운 산소를 들이마시고 이산화탄소를 내보낸다.

햇빛에 비친 이슬은 영롱하고 신선하다. 이슬을 털며 식물들은 생기를 뿜어내기 시작한다. 살짝 찡그리며 맞이하는 아침햇살이 얼굴에 어리면 나도 모르게 미소 짓게 만드는 행복한 순간이다.

노을의 분위기에 익숙했다가 아침 하늘이 붉게 물든다면 사뭇 느낌이 달라진다. 그동안 사로잡혔던 노을의 이미지가 아침에 빗대어 혼란스러워진다. 탄생과 죽음, 시작과 끝, 창조와 쇠퇴, 자연의 이치가 엉클어져 잠시 멍해진다.

그래, 자연은 아무런 생각 없이 그대로 흘러가는데 받아들이는 내가 이기적이었구나! 하늘이 붉게 물들면 저녁이고, 어둠이고, 죽음이라고 제멋대로 해석했던 나 자신이 부끄러워진다.


시골의 아침은 빠르다. 해 뜨기 전에 해야 할 일이 많기 때문이다. 일찍 일어나야 하는 수고는 있지만 혜택도 있다. 바로 일출을 볼 수 있다는 것이다. 큰맘 먹고 계획해야만 볼 수 있는 일출을 시골에서는 흔히 볼 수 있다.

어두웠던 대지가 밝아지며 새벽이 열린다. 당연히 환한 하늘을 기대하지만 가끔은 다른 모습을 보이는 아침노을. 서쪽 하늘이 아닌 동쪽 하늘이 붉게 물드는 풍경은 오묘하다.

붉게 물들었다가 햇살이 갈라지며 구름 사이로 얼굴을 들이밀더니 이내 세상은 밝아진다. 애잔한 분위기에서 샘솟는 희망과 기쁨, 아침노을은 끝이 아니라 시작이다.

은퇴에 빗대어 애절하게만 바라보던 노을에 대한 관념의 변화가 생긴다. 어둠이 아닌 빛, 끝이 아닌 시작, 저녁노을보다 더 아름다운 아침노을이 내 가슴을 물들인다. 노을은 새로운 시작일 수도 있다는 사실을 알았기에.

## 아침노을

————

시골에서는 저녁에 마땅히 할 일 없으면 일찍 잠을 청한다. 이른 잠은 이른 아침으로 이어진다. 아침이 이르면 일출을 볼 수 있고, 일출의 풍경은 매일이 다르다. 가끔은 동녘 하늘이 붉게 물들어가는 아침노을을 선물 받기도 한다.

# 하늘만큼 훌륭한 농부는 없다

작물은 비를 맞아야 잘 자란다.

- 어느 귀농인 -

인간은 하루에 물을 얼마나 마셔야 할까?

하루 동안 섭취해야 할 물의 양은 우리 몸에서 공기 중으로 증발하는 수분의 양과 비례한다. 신체조건에 따라 증발량이 다르기에 키와 몸무게를 더한 값을 100으로 나눈 값이 섭취량이라 한다. '미국 국립연구위원회'에서는 하루 물 섭취량을 남자는 2,700kcal, 여자는 2,000kcal로 권장하고 있다.

물은 인간에게 필수 성분이다. 물은 음식물의 소화 흡수를 돕고, 신장, 뇌 등 장기 활동을 지원한다. 수분이 부족하면 세포에

노폐물이 쌓이고 에너지대사도 느려져 쉽게 피로감이 찾아온다.

인간에게만 물이 필요한 것은 아니다. 식물도 광합성 작용과 양분 운반에 물이 필요하다. 인간에게 물이 10% 이상 부족하면 저혈압과 쇼크를 유발해 사망에 이를 수 있듯 식물도 물이 부족하면 생육이 부진하고 결국 말라 죽는다.


식물의 생육에는 햇빛, 공기, 흙, 양분, 물 등이 필요하다. 전부 중요한 요소지만 식물을 키워본 사람이라면 물의 중요성을 더욱 실감하게 된다.

물은 기상 여건에 따라 부족하기도 하고 넘치기도 한다. 식물은 하늘이 키운다고 할 정도로 날씨에 민감하다. 홍수나 집중호우로 넘쳐나는 물은 어쩔 수 없다지만, 부족할 때는 인위적으로 물을 공급해 줘야만 식물은 생명을 이어간다.


물의 성분은 산소와 수소이다. 무색투명하며 무취무미한 물, 다 같은 물처럼 보이지만 물에도 종류가 있다. 크게는 빗물, 수돗물, 지하수로 나눌 수 있다. 그럼 식물이 더 좋아하는 물은 무엇일까?

미리 경험하는 은퇴

빗물은 지면에서 증발해 하늘에서 찬 공기를 만나 다시 땅으로 떨어지는 증류수다. 대기 중에는 79%가 질소이므로 그 질소를 머금고 땅으로 흡수된다. 그 질소가 바로 식물의 필수 영양소다. 또한 빗물은 PH 6 정도로 약산성이라 식물에게 더욱 좋다. 대기 온도와 같기에 식물에게 적당한 온도로 공급해 준다는 장점도 있다.

수돗물은 정수와 소독을 거친 알칼리성이다. 수도관의 산화를 방지하기 위함이다. 알칼리는 땅속 영양성분이 녹지 않게 하기에 식물의 성장을 더디게 만든다. 또한 수돗물은 차가워서 흙의 온도를 낮춰 뿌리에 스트레스를 준다.

지하수는 미네랄이 풍부해 식물에는 좋지만 농약이나 오염물질이 섞인다면 독약이 될 수도 있다.

빗물이 식물의 생육에는 좋지만, 병충해 발생이 많아지는 단점도 있다. 공기 중에 떠다니는 곰팡이 포자가 식물에 묻어 발아하기 때문이다. 비 온 후에는 살균제 등 병충해 방제가 꼭 필요한 이유이다.


식물에게 필요한 물의 양은 정확히 규정할 수는 없다. 재배방식, 주변 환경, 흙의 종류에 따라 다르기 때문이다. 일반적으로 식물은 심은 후 흙에 물을 흠뻑 줘야 뿌리를 잘 내린다. 흙과 뿌리 사이에 공기가 없어야 뿌리 활착이 잘 되기 때문이다.

초기에는 하루에 한두 번씩 줘야 하고 뿌리가 내린 후에는 흙이 마른 경우에 주면 된다. 물을 너무 많이 줘도 뿌리가 썩을 수 있으니 적절한 급수와 배수에 신경을 써야 한다.


물은 하루 중 언제 주어야 좋을까?

오전에 주는 것이 좋다는 것이 대다수 의견이다. 식물은 햇빛을 받아야 광합성을 시작하기 때문이다. 광합성은 공기 중 이산화탄소와 물을 섞어 탄수화물을 만드는 작업이다. 탄수화물이 '탄소와 물이 변한 물질'이라는 의미와 연결된다.

저녁에는 햇빛이 없기 때문에 광합성을 멈추고 양분은 다시 뿌리와 줄기에 저장한다. 그때 물을 준다면 광합성 작용에 도움도 안 될뿐더러 뿌리가 습해 썩거나 병충해 발생 가능성도 높아진다. 뜨거운 낮에 주는 것은 물의 돋보기 효과로 잎이 탈 수도 있기에 되도록 피하는 것이 좋다.

인간은 필요한 물을 수시로 마실 수 있고, 좋은 물을 고를 수 있지만 식물은 그럴 수가 없다. 자연과 인간이 주는 대로 마셔야 한다. 만약 식물에게도 선택 권한이 있다면 당연히 빗물을 고를 것이다. 역시 하늘만큼 훌륭한 농부는 없다.

## 옆집 양파밭 스프링클러

양파가 성장하기 시작하는 봄철이 되면 옆집 양파밭의 스프링클러는 바
삐 돌아간다. 고개를 좌우로 흔들며 물줄기를 뿌리면 양파밭의 흙빛은 짙
어진다. 물을 머금은 양파는 하루가 다르게 부피와 크기를 늘려나간다. 눈
속에서도 꿋꿋이 서 있는 스프링클러, 올봄에도 제 몫을 톡톡히 하겠지!

# 자연도 빈부의 차가 있다

가난하게 태어난 것은 당신의 실수가 아니다.
그러나 죽을 때도 가난한 것은 당신의 실수다.

- 빌 게이츠 -

식물은 생육환경이 중요하다. 햇빛, 물, 공기, 온도가 적절해야 잘 자라지만 모든 식물이 그런 혜택을 보기는 힘들다. 환경과 조건이 맞는 곳을 골라 자리 잡는 식물도 있지만, 인간에게 강제적으로 생육되는 식물도 있다.

최적의 터전에 자리 잡은 식물은 빠른 생육을 보인다. 추위에 약한 식물은 남부지방에, 물을 좋아하는 식물은 습지를 택한다. 그들은 재배식물보다 좋은 혜택을 누리며 풍족한 생을 살아간다.

텃밭에 심긴 농작물에는 생육 차이가 있다. 주인의 노련함과 부지런함에 따라 다른 일생을 살아간다. 거름과 비료를 적절히 살포하고 살충제와 살균제를 제때 뿌리고, 제초와 물관리를 제대로 한 식물은 무럭무럭 자란다.

파종·생육 시기와 기후조건에 따라 식물의 생육은 차이가 발생한다. 어린 모를 구입해 심으려면 인근 시장이나 묘목상을 찾아야 한다. 그 지역에 맞는 식물들이 판매되기 때문이다. 타 지역에서 구입한 모를 심는다면 기후조건이 맞지 않아 식물은 몸살을 앓거나 죽을 수도 있다.


햇빛을 좋아하는 식물이라면 텃밭 남쪽에 심어야 한다. 또한 키가 큰 식물 앞에 심어야 햇빛이 차단되지 않을 것이다. 연작 피해가 있는 작물이라면 해마다 자리를 옮기는 수고도 해야 한다.

음지를 선호하는 식물도 있다. 나무 아래 그늘진 곳을 좋아하는 식물이나 땅으로 기는 지피식물은 햇빛 강한 곳에서는 건강하지도 못하고 잘 자라지도 못한다. 심하면 햇빛에 타 죽을 수도 있다.

대부분의 식물은 배수가 중요하다. 뿌리에 물이 차면 썩어 결국 죽게 된다. 땅을 조금 높게 쌓아서 그 위에 심으면 배수 관리에 좋다. 배수에 가장 취약한 나무는 소나무다. 산 정상 바위틈에 자라는 아슬아슬한 소나무, 누가 매일 올라 물을 주지 않아도 잘 자라는 이치를 알아야 한다.

　이름에서 알 수 있듯 수국처럼 물을 좋아하는 식물도 있다. 가뭄이 길어진다면 자주 물을 줘야 화려한 꽃으로 보답할 것이다. 건조한 기후를 좋아하는 식물에게 물을 주면 독이듯 식물의 특성을 잘 파악해 관리해야 한다.

　대부분의 과실수는 병충해에 약하다. 사과나 배를 텃밭에 심는다면 주기적으로 농약을 살포해야 과일을 수확할 수 있다. 몇 그루 이상 함께 심어야 열매를 맺는 수분수가 필요한 과실수의 특성도 고려해야 한다. 모든 게 귀찮다면 농약을 주지 않아도, 수분수가 없어도 잘 자라는 감나무나 무화과를 선택하면 된다.


　정원수는 가지치기도 중요하다. 햇빛과 통풍을 위해서는 처진 가지나 겹친 가지를 잘라줘야 한다. 수형 관리를 위해서는 가운데로 솟은 주지를 어느 정도 높이에서 잘라줘야 Y자형으로 관리할 수 있다.

식물이 잘 자라기 위해서는 인간과 마찬가지로 영양이 중요하다. 주기적으로 거름과 비료를 줘야 한다. 기본적으로는 토양에 있는 영양분을 먹고 자라지만 더 이상 영양분이 없어지면 성장이 더디게 된다. 축분이나 유기질 비료를 주어 땅힘을 높여줘야 튼실하게 자란다.

빼놓을 수 없는 재배관리로 제초를 들 수 있다. 여름 장마철이면 쑥쑥 자라는 풀은 영양분을 뺏어 먹어 식물의 성장을 방해한다. 또한 정원과 텃밭의 미관을 해치기도 한다. 무턱대고 풀을 뽑는다고 능사도 아니다. 또 다른 풀씨들이 싹을 틔우므로 최적의 제초를 위한 고민을 해야 한다.


자연적으로 자라는 식물이든, 인간에게 재배되는 식물이든 생육환경과 재배조건에 따라 다양한 차이를 나타낸다. 잘 자란 식물의 잎은 영양이 풍부하고 그 잎이 땅에 떨어져 좋은 유기질 거름이 되어 다시 식물이 자랄 수 있는 터전이 된다.

환경조건이 열악한 식물은 잎에 있는 영양분을 줄기에 모은다. 잎은 색이 옅어지고 시들시들해질 수밖에 없다. 양분이 없는 잎은 낙엽이 되어서도 토양미생물이 모이지 않고 잘 썩지도 못한다. 결국 척박한 토양은 지속되고 식물생육에 안 좋은 영향을 미친다.

자연도 우리 인간처럼 빈부의 차가 존재한다. 환경과 생육조건, 재배 기술에 따라 식물의 미래는 좌우된다. 순환구조를 지닌 자연 생태계는 생육환경을 더욱 크게 벌려 빈부의 차를 심화시킨다. 악순환과 선순환의 결정에 영향을 미치는 것이다.

종자가 발아하여 싹을 틔우고 꽃을 피워 잎을 만들고 수확하는 식물의 일생, 풍족하고 부유한 생을 사는 식물이 있는가 하면, 그렇지 못하고 궁핍하고 초라한 생을 맞이하는 식물도 많다.

자연 속에서 선택의 기회가 없는 식물이야 그렇다 쳐도, 텃밭에 심은 식물은 주인의 노력에 따라 운명을 바꿀 수 있다. 식물 특성과 재배 기술을 익혀 농사를 지어야 빈부의 차를 줄일 수 있다.

## 어린 상추 자라는 모습

———————

아이의 출산처럼 작물이 발아하는 모습도 경이롭다. 산고의 고통처럼 분명 종자도 차디찬 흙 속에서 움츠렸다가 두꺼운 흙을 뚫고 나오기 위해 안간힘을 내었겠지. 앙증맞은 새싹이 돋아나는 신비로운 생명력에 저절로 겸손해진다.

# 신은 최고의 가드너다

만일 그대가 낮도 밤도 그렇듯 기쁨으로 맞고
삶에서 달콤한 허브나 꽃 같은 향기가 난다면,
하루가 더 활기차고 더 영원하다면,
그것이 성공이다
모든 자연이 그대를 축복하리니
그대는 언제라도 스스로를 축복할 수 있으리라

- 헨리 데이비드 소로, 《월든》 중에서 -

물안개가 피어오르는 강, 강물에 투영된 나무 그림자, 끝없이 봉우리가 펼쳐지는 첩첩산중, 바위산과 단풍, 계곡에서 떨어지는 빗물…

자연은 스스로 경이로운 풍경을 만들어 낸다. 인위적이지 않은 질서 없는 풍경이지만 인간은 그 모습을 보며 감탄한다. 인간

또한 자연의 일부기에 자연 속에서 삶을 향유하며 자연을 바라보는 것이 가장 평온하고 행복한 것이다.

인간만이 아름다운 예술작품을 만들 수 있다고 생각하지만 착각이다. 자연도 예술을 한다. 새들은 음악을 만들고, 정교한 건축도 한다. 동물은 깃털과 날개로 패션쇼를 하고, 식물은 각양각색의 조화로운 색으로 디자인한다. 더 넓게 보면 산과 강은 산수화, 풍경화를 그려 낸다.

뉴저지 공과대학 데이비드 로텐버그 교수는 고래, 매미, 새들과 즉흥연주를 벌이기도 하고 동물의 노랫소리로 음악을 만들기도 하며 자연과 인간의 합동 연주를 시도하기도 했다. 예술은 오로지 인간만의 전유물이 아닌 것이다.

인위적인 예술작품에 감탄하고 동경하던 인간도, 예전에는 자연주의를 표방하던 시기가 있었다. 우리가 매일 보는 자연스러운 풍경을 담는 화가들이 주류를 이루었다. 인간은 곧 자연이고 자연이 바로 인간이 추구하는 예술의 본질이었다.

산업이 발달하고 예술도 도시화되었지만 그래도 우리는 끊임없이 자연을 동경한다. 도시에 조성한 공원이나 정원이 그것을 증명한다. 문화적 다양성과 개성의 차이로 정원의 모습은 나라마다 다르지만 새, 꽃, 나무, 물, 돌 등 자연과 하나라는 관념은 같다.

자연주의 정원이라고 하면 '타샤 튜더'를 떠올린다. 40여 년 동안 정원을 가꾼 그녀는 동화작가이기도 했고 화가이기도 했다. 버몬트주에서 40만 평의 정원을 손수 가꾸며 평생을 자연과 함께한 가드너였다. 자연주의 정원의 대표로 손꼽히는 그 정원에서 그녀는 꽃과 나무와 동물을 묘사하고 이야기를 만들고 그림을 그리며 자연과 하나가 되었다.

정원에서 맨발로 걸으며 92세까지 장수한 그녀는 모든 꽃을 좋아했다. 여러 종류의 꽃이 한데 어울려 피어나는 자연 정원을 지향했다. 3월에 스노드롭, 겨울바람꽃, 크로커스, 봄의 전령들이 손짓을 하면 그녀의 마음은 설레기 시작했다. 미나리아재비, 아네모네, 갯버들, 수선화가 피기 시작하면 옛 친구를 다시 만나는 기분이 든다고 했다.

여름이면 디기탈리스, 백선, 클레마티스, 플록스, 꿩의 다리 등과 함께했고, 가을이면 흐드러지게 핀 국화, 샤프란을 감상하고, 사과와 배를 수확해 과일잼을 만들고, 날아가는 기러기를 감상하며, 단풍의 화려함을 즐겼다.

그녀는 겨울도 사랑했다. 대기 중에 내리는 눈 냄새를 맡을 수 있을 정도였다. 눈이 오면 자연의 모습은 변하고 식물의 형체와 풍경을 단순화시키기에 그림으로 그리기에도 좋다고 했다. 또한 눈은 수분을 공급해 식물의 발아력에도 도움을 준다며 눈을 찬양할 정도였다.

그녀에게 눈은 자연이 주는 선물이었다. 눈이 쌓이면 치우지 않고 그대로 두었다. 강아지와 고양이, 새들의 발자국과 어우러지며 새하얀 눈길을 걷는 것을 좋아했다. 특히 첫눈은 잎새가 어느 정도 남아있을 때 내리기에 나무 위에 터를 잡아 아름다운 설경을 만든다며 첫눈에 대한 애정을 보이기도 했다.

그림 같은 정원에서 동화처럼 행복하게 살다 간 타샤 튜더, 그녀는 행복은 늘 우리 곁에 있는 것이라고 했다. 자연 속에서 자연과 생을 함께하는 것이 바로 진정한 행복이라고 정의했다.

입주 첫해 크리스마스에 내렸던 첫눈, 그 눈이 다음 해 크리스마스에도 다시 찾아왔다. 폭설이라기에 걱정되어 내려온 시골 풍경은 나에게도 예술작품으로 다가왔다. 전원주택에서 바라보는 시골 풍경은 그 어떤 예술가 작품에 뒤지지 않아 보였다.

자연주의를 꿈꾸고 자연의 모습을 최대한 담은 정원, 수십 년 가꾼 최고의 정원사 타샤 튜더도 할 수 없었던 가드닝, 눈은 사람이 흉내 낼 수 없는 가드닝이다. 신은 최고의 가드너다.

## 눈 내린 시골의 정원

---

눈은 쓸쓸한 겨울 풍경을 풍성하게 만들어 준다. 얼어붙은 토지를 덮고, 가지 위에 내려앉은 눈, 눈은 자연을 새로이 디자인한다. 같은 백색의 물 감이지만 전혀 단조롭지 않다. 눈의 양과 시간의 흐름에 따라 캔버스를 다 르게 칠한다. 눈은 현존하는 최고의 물감이다.

# 자연의 질서를 따라야 한다

가장 뛰어난 예언자는 과거입니다.

- 바이런 -

새벽 4시에 잠이 깼다.

마을 앞 우사에서 소 울음소리가 간헐적으로 들렸다. 조용한
새벽을 흔드는 소리에 민폐가 아닌가 하는 생각이 들다가 문득
어릴 적 시골 추억이 떠올랐다.

가난한 삶에 어떻게든 돈벌이를 해 보겠다고 아버지는 어린
소를 사다 기르셨다. 집집마다 마굿간을 만들어 소 한두 마리 키
우는 게 일상이던 시절이었다. 사룟값을 아끼기 위해 산과 들에

서 꼴을 베는 게 하교 후 내 임무였다. 그렇게 몇 년을 키워 어미 소가 되면 새끼를 낳고 어미 소는 다시 팔아 그 이윤으로 자식들을 대학에 보내고 시집 장가를 보냈다.

분명, 소가 새끼를 낳을 때 들렸던 그 소리였다. 농촌이 기계화되기 전까지 논밭을 일구던 소, 소는 농부의 분신과도 같았다. 쟁기질을 재촉하기 위해 채찍으로 때려도 소는 군말 없이 밭을 일구었다. 그렇게 온순하고 인내심 강하기로 손꼽히는 소도 산통에는 어쩔 수가 없었나 보다.

소는 희생적인 동물로 알려져 있다. 성품이 순해 주인의 말을 잘 듣고 힘든 농사일을 거뜬히 해냈다. 그렁거리는 눈망울, 질질 흘리는 침, 실룩거리며 되새김질하는 입, 순종과 더불어 온화하고 차분한 성품에 왠지 모르게 애정이 깃들었다.


소에게는 인간과 비슷한 점이 있다. 임신기간이 비슷하다는 점이다. 어린 소가 1~2년 자라면 번식이 가능해진다. 인간처럼 10개월을 배 속에 품었다가 출산 후 송아지에게 젖을 물리는 것도 같다. 우유를 생산하기 위해서는 번식과 포유를 반복하는 젖소의 생리를 이용하기도 한다.

일수로 따지면 280일 정도의 기간, 그 오랜 시간 동안 어미 소는 배 속에 송아지를 품는다. 인고의 시간, 완성된 하나의 생명체가 배 속에서 빛을 보기 위해 나올 때의 그 처절한 아픔을 견디는 것이다.

소 울음소리에 추억이 스며드니 더 이상 그 울음소리가 귀에 거슬리지 않았다. 인고의 시간을 겪고 새 생명을 창조하는 것에 경이로움을 느꼈다. 고요한 새벽을 가르며 묵직하게 들리는 테너의 음성으로 승화되었다.

완연한 봄이 찾아왔다.

이른 꽃들이 하나둘 피기 시작하더니 이내 봄꽃의 절정인 벚꽃이 모습을 드러냈다. 가로수, 사찰, 연못, 각지의 벚꽃 명소들이 화려한 경관을 뽐내며 상춘객을 맞이했다.

정원에 심은 두 그루의 벚나무에도 꽃망울이 터지기 시작했다. 눈 깜짝할 사이에 사라질 벚꽃 엔딩이 걱정되어 인근 벚꽃 명소를 찾았다.

모두가 똑같은 마음인지 벚꽃이 만개하자마자 인파가 몰려들었다. 벚꽃에 취해 한 바퀴를 도는데, 벚꽃 아래 노란 물결이 풍치를 더했다. 개나리꽃이었다. 흰 벚꽃잎과 어울려 색감을 내기에는 더없이 좋았다. 엄마 손잡고 아장아장 걷는 꼬마도 벚꽃보다는 눈높이에 맞는 개나리에 더 눈이 가는 듯했다. 벚나무 아래 포즈를 취하는 여자들도 노랑 배경색에 더 예뻐 보였다.

벚꽃과 개나리꽃을 함께 즐길 수 있는 기회를 얻은 것을 마냥 즐거워할 수만은 없다. 벚꽃 개화 시기는 점점 빨라진다는 기상관측, 4월 초에 개화하던 벚꽃이 3월 말에 개화할 정도였다. 벚꽃 축제를 준비하던 지자체는 당황했고, 이색적인 풍경에 신문사는 온난화 보고서를 들여다보기 시작했다.

기후 온난화는 자연의 흐름을 흩트려 놓았다. 벚꽃의 개화는 개화 전 2개월의 평균기온이 좌우한다. 2023년 2~3월의 평균기온은 평년 대비 $1.3℃~1.5℃$ 올랐기 때문에 개화가 앞당겨졌다. 이대로라면 벚꽃 개화는 27일이나 빨라질 전망이라는 기사들이 쏟아졌다. 2월에도 벚꽃을 볼 수 있는 날이 머지않은 것이다.


지구는 계속 뜨거워지고 있다. 산업화 이전보다 지구의 온도는 $1.09℃$ 높아졌다고 한다. 개화가 빠르면 이상기온과 이상저

온으로 꽃의 생명력은 저하되고, 냉해 피해도 입는다. 잠에서 깨어난 벌이나 곤충도 사라진 꽃 앞에서 당황하게 된다. 꿀을 먹지 못한 벌은 면역력이 낮아져 질병에 걸리기 쉽고, 결국 실종될 수도 있다. 벌이 사라지면 식물들은 열매를 맺지 못하고 생태계는 혼란에 빠진다.

구테흐스 유엔 사무총장은 '인류는 살얼음판 위에 있고, 그 얼음은 빠르게 녹고 있다. 기후 시한폭탄이 똑딱거리고 있다.'며 수중연설로 기후 온난화를 경고했다. IPCC 제6차 종합보고서에는 지구 기온 상승목표를 1.5℃로 제한할 정도로 인류는 온난화와 싸움을 벌이고 있다.

매화, 산수유, 개나리, 진달래, 벚꽃으로 이어지며 순서대로 펴야 할 꽃이 한꺼번에 피고 있다. 달콤한 즐거움 이면에는 생태계 혼란과 인류 멸종이라는 커다란 숙제가 숨어 있는 것이다.


인고의 시간을 견디고 나야 비로소 하나의 생명체가 탄생하듯, 꽃도 겨울의 한파를 견뎌야 튼실한 꽃망울을 터트린다. 추위에 노출되어야 꽃이 피는 습성, 종자를 냉장 보관해야 발아율이 높아진다는 자연의 원리를 이해해야 한다. 개화의 이치가 알려

주듯 완성된 기다림을 거쳐야 온전한 작품을 만들 수가 있다. 이르지도 늦지도 않은 자연의 질서를 따라야 세상은 평온히 흘러간다.

미리 경험하는 은퇴

## 정원 벚나무 개화 직전

헤어 스타일과 의상을 바꾸면 그 사람의 이미지는 갑자기 달라지고 관심을 받는다. 봄꽃이 사랑받는 이유이다. 아무것도 없던 회색빛 자연에 큰 변화가 찾아오는 시기가 봄이다. 서서히 신록으로 변하는 여름, 서서히 단풍으로 물드는 가을과 달리 봄의 변화는 갑작스러운 변신으로 다가온다. 개화를 위해 겨울 내내 꽃망울을 준비하고 있었다는 사실은 잊어버리고.

# 나무는 겨울에도 살아 있다

비바람을 맞으며
묵연히 서 있는 나무가 그랬다
좋은 때도 나쁜 때도
그냥 지나가는 게 아니라고
정직하게 맞으며 지나간다고
뿌리까지 새겨야 지나간다고

- 박노해《걷는 독서》중에서 -

대나무는 나무일까?

나무 이름이 붙어 있으니 당연히 나무일 것 같지만 대나무는
벼과에 속하는 풀이다. 반대로 담쟁이덩굴은 풀 같지만 포도과
의 나무다.

미리 경험하는 은퇴

나무는 조금 더 많은 햇빛을 받기 위해 위로 곧게 자라는 습성이 있다. 풀도 환경에 따라 나무처럼 높게 자란 것도 있지만 일반적으로 풀에 비해 높이 솟는 것을 나무라 한다. 나무는 길이 성장을 하면서 큰 가지를 지탱하기 위해 부피 성장도 동시에 한다. 계절에 따라 형성층의 성장 속도가 차이 나며 성장이 더딘 겨울에는 형성층이 도드라진다. 바로 나이테다. 즉 나이테가 없는, 속이 비어 있는 대나무는 나무에 속하지 않는 것이다.

　식물 분류기준에 따라 나무와 풀을 나누고 있지만 사실상 나무와 풀을 명확히 나누는 것은 무의미하다. 인간이 식물학에 '종속과 목강문계'라는 분류계급을 만들고 강제로 나누는 것일 뿐이다.

　다원은 '생물은 환경에 맞춰 모습을 변화한다.'는 진화론을 주장했다. 지구상에는 다양한 생물이 존재하고 생존방식과 주위 환경에 따라 서서히 진화한다. 미역이 생물군에 속하는 것처럼 동물과 식물의 경계도 모호한데, 진화까지 거듭하는 모든 생물의 경계를 나누는 것은 학문적 목적이 아니라면 불필요한 것이다.


　거의 모든 생명체의 청사진이 만들어진 고생대를 거쳐, 겉씨식물과 공룡의 시대인 중생대, 속씨식물과 포유류의 전성기인

신생대를 지나면서 지구상의 생물은 살아남기 위해 끊임없이 진화를 거듭해 왔다.

생물의 살기 위한 몸부림 중 가장 대표적인 것이 햇빛을 찾는 행위이다. 바다생물, 음지생물 등 예외적 환경에 적응한 것들을 제외하고는 대부분 태양이 뿜어내는 햇빛을 필요로 한다.

햇빛은 광합성의 필수요소다. 적당한 온도와 공기가 함유되어 있기 때문이다. 그러기에 자연은 계절의 변화에 민감하다. 봄, 여름, 가을, 겨울, 사계절에 맞춰 생물은 변화하며 생존에 대처한다. 따스한 봄이 되면 꽃을 피우고 잎을 만들어 광합성을 시작한다. 햇빛이 충분한 여름 내내 영양분을 만들어 가을 결실로 이어진다. 추운 겨울이 되면 잎을 떨궈 광합성을 멈추고 죽은 듯이 성장을 멈춘다.

이듬해 봄이 되면 죽은 듯했던 나무는 신기하게도 다시 소생한다. 그런 나무를 보며 인간은 부러워한다. 나무처럼 인간도 죽었다가 다시 환생할 수 있기를 희망한다. 신의 힘을 빌려 예수의 부활과 불교의 환생을 그리지만 아직까지는 꿈에 불과하다.

나무는 정말 죽었을까?

나무의 환생을 부러워하지만, 자세히 보면 나무는 죽었다가 다시 살아난 게 아니다. 나무는 겨울에도 여전히 살아 있다. 겨울이 되면 나무는 모든 잎을 떨구고 영양분을 줄기와 뿌리에 저장한다. 광합성을 멈췄지만 나무 자체가 죽은 것은 아니다.

　나무의 겨울은 죽음이 아니라 쉼이다. 마치 인간이 잠을 자는 밤과 같은 것이다. 화초도 마찬가지다. 구근식물처럼 가지는 죽고 뿌리만 살아 있는 식물도 있지만, 대부분의 다년생 화초도 나무처럼 겨울에도 살아 있다. 추위를 피해 잠시 쉬었다가 봄 햇살에 다시 깨어날 뿐이다.

　나무는 종류에 따라 다양한 삶의 방식을 택한다. 잎의 모양에 따라 침엽수와 활엽수, 씨앗의 모양에 따라 속씨식물과 겉씨식물, 높이에 따라 교목과 관목, 잎의 생존에 따라 상록수와 낙엽수로 나뉜다. 사철나무, 동백나무, 소나무와 같은 상록수는 겨울에 잎이 어는 것을 막기 위해 수분 증발을 최소화하도록 잎이 가늘거나, 두껍거나, 기름막이 입혀져 있다.

　나무는 생리적 특성에 따라 강도나 결의 차이가 있다. 침엽수는 줄기가 강해 건축용으로 쓰이고, 활엽수는 결이 고와 가구 · 악기용으로 쓰인다. 나무로 지은 집이 약할 것 같지만, 목재의 압

축강도는 콘크리트의 2.5배나 된다. 목재로 지은 아파트가 등장할 정도다.

겨울 즈음에 나무에 가까이 다가가 보자.

앙증맞은 꽃망울을 열심히 만들고 있는 것을 볼 수 있다. 추위 때문에 잔뜩 움츠려 있지만 따스한 봄날 꽃망울을 터트릴 준비를 착실히 하고 있다. 앙상한 나뭇가지에 달라붙어 있는 꽃망울을 보는 순간, '아, 나무는 겨울에도 살아 있구나!'를 실감할 것이다.

해를 거듭할수록 몸집을 불린 나무는 엄청난 강도와 무게를 자랑한다. 죽었다가 살아나는 것이 아닌 수천 년을 살아온 나무의 강인함이다. 세계적으로 가장 오래된 나무는 미국 캘리포니아의 '므두셀라' 나무로 수령이 5천 년 가까이 된다.

나무는 여름의 무더위도 겨울의 한파도 견뎌낸다. 비바람도 강풍도 눈보라도 견뎌낸다. 나무는 겨울에도 죽지 않는다.

## 겨울에도 분주한 나무

가을이 지나 잎새를 다 떨군 나무가 긴 겨울을 보내고 봄이 되어 갑자기 꽃을 피우는 것이 아니다. 겨울 내내 최소한의 양분을 보내 꽃눈을 형성하고 조그만 꽃봉오리를 만들어 낸다. 추위를 견디며 잔뜩 움츠려 있는 꽃망울은 앙증맞기 그지없다. 겨울에도 나무는 봄을 준비한다.

제3장

초보를 거쳐야

프로가 된다

# 초보 농사꾼의 한숨은 깊다

들에 나가 돌밭을 고를 때는 고단했지만,
밭이랑에서 당근이며, 무며, 감자알이
통통하게 몰려나올 때
내가 조물주인 것처럼 좋았다.

– 시인 임태주, 〈어머니 편지〉 중에서 –


"잘 자라거라. 내 정성껏 심었으니까 니가 알아서 잘 견뎌."

아나운서와 정치인을 거치고 쉰한 살에 귀농한 이계진이 대추나무를 심으며 한 말이다. 그는 '내가 심었는데도 잘 자라네.'라며 텃밭에서 자라는 작물들을 신기해하기도 했다.

조명과 박수가 사라졌을 때 당황하지 않고 살아갈 수 있는 방법은, 농촌에서 누구의 큰 도움 없이 스스로 시간을 보내고 자연을 가꾸고 사는 것이라고 그는 귀농 이유를 설명했다.

도시인이라면 누구나 한 번쯤 꿈을 꾼다. 시끌벅적한 도시를 벗어나 꽃 피고 새 우는 시골에서 전원생활하는 꿈이다. 대부분 꿈으로만 끝나고 마는 그 어려운 용기를 오십 대에 접어들자마자 실행에 옮긴 그다. 시골 생활을 하니 마음이 평온해지고 욕심을 누를 수 있다며 너털웃음을 지어 보였다.

욕심의 반대는 무욕이 아니라 내가 가진 것에 대한 만족이 아니던가! 자연이 주는 혜택, 하늘이 만들어 내는 농작물을 겸허히 수확하며 감사하는 마음을 가져야 한다.

초보 농사꾼에게 작물의 성장은 신기할 따름이다. 여리고 여린 모종을 심으며 반신반의한다. 작은 실바람에도, 손가락의 스침에도 힘없이 흔들리는 어린 모에 왠지 믿음이 안 가는 건, '어떻게 키워야 하지.' 하는 노하우가 부족한 초보 농사꾼이기 때문이다.

'과연 이게 죽지 않고 자랄까?'

우연찮게 이계진과 같은 나이에 귀농을 한 나도 그와 같은 생각이었다.

모종을 심을 적기는 밤 온도가 10도 이상이 되었을 때라고 한다. 5월 초가 되면 그 조건이 충족된다. 5월 5일 어린이날이나 8일 어버이날은 농작물 심기의 적기다. 도시에 사는 자녀들의 도움까지 받을 수 있는 시기이기도 하다.

5월 초부터 작물을 심기 시작했다. 고추, 토마토, 무, 들깨, 상추, 쑥갓, 감자, 대파, 시금치, 참외, 옥수수, 호박 12개 작물로 한정했다. 극심한 가뭄에 옥수수와 호박은 그런대로 견디고 자랐지만 고추가 문제였다.

멀칭 위에다 물을 준 초보 농사꾼의 실수였다. 잎이 시들시들 땅으로 축 늘어지더니 곧 말라 죽을 기세였다. 선배 농사꾼에게 물어보니 생수병에 물을 담아 거꾸로 고추밭에 박아 놓거나, 멀칭에 구멍을 뚫고 물을 듬뿍 주라고 했다. 그렇게 하니 다행히 고추가 살아나기 시작했다.

가뭄을 겪으며 깨달았다. 작물을 심는 건 인간이지만 키우는 건 하늘이라는 사실. 기우제를 지낼 정도로 하늘의 비를 기다리던 조상들의 심정을 그제야 이해할 수 있었다.

괜히 초보 농사꾼에게 팔려 힘겨운 사투를 벌인 고추를 보니 안쓰럽기도 하고 대견스럽기도 했다. 조금씩 살아나는 고춧잎을

미리 경험하는 은퇴

보며 안도의 한숨을 쉬는 순간, 자세히 보니 이름을 알 수 없는 요상한 벌레가 붙어있는 게 아닌가!

'아, 이제부터는 병충해와의 전쟁~'

## 텃밭 고추 모종

———————

고추는 음식 요리에서 빠질 수 없는 가장 중요한 조미 채소다. 한국인이 가장 좋아하는 삼겹살을 먹을 때도 빠질 수 없다. 전원생활을 시작한다면 누구나 텃밭 작물 목록에 넣을 것이다. 남을 정도로 많이 심고 싶지 않아 모종 세 주를 시장에서 구입했다. 주말농장이라 물을 자주 주지 못해 시들시들한 모습을 보니 마치 내가 병든 것처럼 가슴이 아팠다. 손쉽게 먹었던 채소들이 그리도 힘겨운 사투를 벌이며 식탁에 올랐다는 사실을 귀촌을 하고 나서야 깨달았다.

# 텃밭도 정원이다

농사의 궁극적인 목적은
작물을 키우는 게 아니라
인간을 키우고 완성하는 것이다.

- 마사노부 후쿠오카 -

한국인은 돈이 생기면 빵을 사고, 자신들은 돈이 생기면 꽃을 산다며 자랑하는 나라가 있었다고 한다. 경제, 문화적 차이로 구매 기준은 나라마다 사람마다 다르겠지만, 그 전에 빵과 꽃의 차이를 되짚어 봐야 할 것이다. 그 말에는 빵은 농산물이고 꽃은 화훼, 즉 빵은 텃밭에서, 꽃은 정원에서 나오기에 발달된 산업구조와 고상한 구매 기준을 과시하는 뉘앙스가 깔려 있다.

텃밭과 정원의 차이는 무엇이며 과연 구분할 수 있을까!

우선 농작물과 정원식물의 경계는 모호하다. 모두가 자연의 일부인 식물이고 그 종류일 뿐이다. 풀도 이름을 붙이면 꽃이 되는 것처럼 농작물이냐 꽃이냐의 구분은 인간의 자의적 기준에 의한 것이다. 매화꽃을 피우는 매실나무는 정원수인가 과실수인가, 향신료인 로즈메리는 정원수인가 농작물인가, 약초로 쓰이는 작약은 정원수인가 약초인가, 그 경계는 모호하다. 모든 농작물도 꽃을 피우고 자세히 보면 아름다운 풍경을 자아내기도 한다. 자연에 분포하는 식물 중 조금 더 맛있거나 이로운 것들을 선별하여 직접 재배하는 것이 농작물이다. 조금 더 화려하고 보기 좋은 것을 선별하여 직접 가꾸는 것이 꽃이다. 애초에 똑같은 식물일 뿐이다.

두 번째, 텃밭이든 정원이든 가꾸는 정성은 똑같다. 정원사가 매일 물을 주고 영양제를 주고 가지치기를 하듯, 농부도 그보다 더하면 더했지 덜하지 않는다. 농작물은 농부의 발자국 소리를 들으며 자란다고 할 정도로 농부가 흘리는 땀방울도 만만치 않

미리 경험하는 은퇴

다. 물이 부족하면 스프링클러를 설치해 물을 주고, 병충해가 발생하면 농약을 주고, 잘 자라지 못하면 비료나 거름을 준다. 매일매일 농작물의 상태를 살피고 가꾸며 풍년을 기원한다.

세 번째, 정원만 디자인하는 것은 아니다. 농부도 봄이 되면 밭을 디자인한다. 흙을 갈아엎은 후에 고랑과 이랑을 만들고 작물별로 구획하고 배열한다. 연작을 피하기 위해 해마다 달리 배열하기도 하고, 채광을 위해 키 높이를 고려해 재배하기도 한다. 주위에 풀과 돌을 정리하고 물길을 내고 사람이 다니는 길도 만든다. 멀리서 보면 텃밭도 멋진 라인과 입체감을 가진 예술작품이다. 디자이너는 바로 농부다.

네 번째 농작물, 꽃, 나무는 한데 어울려 심는 경우가 많다. 수정을 위해 섞어 심기도 하고, 음지식물은 나무 아래 심기도 한다. 또한 병충해 방지를 위해 농작물 사이에 동반 식물을 함께 심기도 한다. 배추나 무를 심을 때는 벌레들이 싫어하는 마리골드를 옆에 심는다. 고수, 차조기, 쑥갓, 마늘, 양파, 부추 등 벌레가 싫어하는 식물을 섞어 심으면 농약 없이도 친환경적으로 재배할 수 있다. 과수원 테두리에는 낙과를 막기 위해 방풍림을 심기도 하고, 정원에 블루베리, 앵두나무 등 유실수 몇 그루씩은 함께 심는 경우가 많다.

마지막으로 치유농업은 농업과 원예를 포괄한다. 치유농업은 자연과 소통함으로써 사람의 아픔을 덜게 돕는 일로, 농업 소재나 농촌자원을 활용해 신체, 정신 등의 건강을 돌보는 활동을 의미한다. 2021년 '치유농업법'이 제정되면서 전통적 농업에서 자연경관, 환경보전, 휴식 등 사회적 기능으로 농업의 역할이 확대되었다. 치유농업의 시초는 원예치료였다. 농촌진흥청에서는 1994년 꽃 등 원예 작물의 치유 효과를 연구해 원예 치유라는 개념을 도입했다. 성인 발달장애인의 신체기능이 향상되거나 노인 우울증이 60%나 감소되고, 고혈압, 당뇨병 등 만성질환 환자의 스트레스 호르몬이 28.1%나 감소한다는 연구 결과를 발표했다. 치유농업은 원예작물에서 시작해 농작물, 가축, 산림, 농촌문화까지 확대되고 있다. 치유농업에서도 알 수 있듯이 원예나 농업이나 그 역할과 기능은 다르지 않다. 인간이 자연에서 식물을 키우는 행위에 비천이나 등위가 있을 수 없다.

그렇다면 텃밭과 정원을 구분하는 것은 옳지도 않고 의미도
없다. 자연에서 인간이 살아가는 방식의 차이일 뿐이다. 농부도
정원사도 식물을 대하는 마음은 같다. 그들이 흘리는 땀방울의
가치를 달리할 수 없다.

## 정원 설계도

집을 건축하기 전 설계를 하듯이 조경도 설계를 먼저 하면 실수를 줄일 수 있다. 식물 특성에 따라 배치 장소를 정해 식재하는 것이 중요하다. 설계를 하기 위해 사전에 식물정보를 공부할 수 있는 장점도 있다. 설계자도 나이고 건축가도 나이기에 쉽게 바꿀 수도 있다. 비록 공사가 지연되거나 하자가 발생하더라도 책임질 일도 없다.

# 농촌이 병원이다

물 너는
생명에 필요한 것이 아니라,
생명 그 자체다.
네 은혜로 우리 안에는
말라붙었던 마음의 샘들이 다시 솟아난다.

– 생텍쥐페리, 《인간의 대지》 중에서 –

아침저녁으로 둠벙 옆 모터가 돌아간다. 멍하니 서 있던 스프링클러들이 일제히 '샷~샷~샷~' 소리를 내며 고개를 휘젓는다. 메마른 땅을 촉촉이 적시자 황토색으로 변해간다. 양파 줄기도 생기를 되찾고 광합성을 시작한다.

전국 최대 양파 주산지인 무안은 겨울부터 봄을 지나 초여름까지 바쁘다. 가을 추수가 끝난 농촌은 휴식기에 접어들지만 무안 농부들은 양파밭에서 겨울과 봄을 보낸다. 양파 재배면적이 3천ha나 되는 무안은 게르마늄이 풍부한 황토와 병충해를 막아 주는 서해 바람을 맞으며 아삭한 단맛을 만들어 낸다.

항균, 항고지혈, 항고혈당, 항혈전, 항종양, 항산화 효과 등 '식탁 위의 불로초'로 불릴 정도로 건강식품으로 알려진 양파의 주성분은 물이다. 90%가 수분으로 되어 있다. 그래서인지 무안 양파밭은 연일 스프링클러가 돌아간다.

모든 생물에게 물은 생명 유지의 필수요소다. 인간은 70%가 물로 구성되어 있다. 물이 흡수되면 30초면 혈액까지, 30분이면 인체 전체에 퍼진다고 한다. 물이 10% 이상 부족하면 사망할 위험성이 있다고 하는데, 80년을 기준으로 평생 73톤의 물을 마신다고 할 정도다.

식물 성장의 필수요소인 해, 흙, 물 중 해와 흙은 그런대로 무난하다. 햇빛은 정도의 차이가 있지만 끊임없이 뜨고 지기를 반복한다. 흙을 구성하는 무기질은 식물에 필요한 영양분이 되고 무수한 미생물도 한몫한다. 물은 다르다. 기상 여건에 따라 가뭄과 홍수라는 변수가 있기 때문이다.

결국 스프링클러를 샀다.

'설마 죽겠어.' 미숙한 귀촌인 손에 자라난 농작물이 맥없이 생사를 오락가락하는 걸 보는 순간, 인근 밭에서 돌아가는 스프링클러에 나도 모르게 시선이 가고 말았다.

　"이거 어디서 사요?"

　모터를 돌리러 밭에 나오신 동네 어르신에게 묻자, 철물점에서 판다고 했다. 1만5천 원, 의외로 비싸지 않았다. 1m당 1,000원 하는 물 호스에 되레 더 많은 값을 치렀다. 밭 전체를 뿌리려면 족히 30m는 필요했다.

　가뭄이 극심한 5월은 수도세가 3만 원이나 나왔다. 평달의 몇 배나 되는 수도료에 눈살을 찌푸렸지만 다시 생기를 찾은 채소들을 보며 위안 삼았다. 죽거나 병들 것을 염려해 계획보다 몇 포기씩 더 심었지만 죽어가는 채소들을 보니 안쓰러워 견딜 수가 없었다. 비록 남아돌아 버릴지언정 죽이고 싶지는 않았다.


　스프링클러를 돌리면 물살이 공중으로 퍼지며 햇살에 반응한다. 흐릿한 무지개를 만들어 내는 아름다운 풍경이 황홀하기 그지없다. 물로 샤워한 텃밭은 흙색이 점점 짙어지고 채소들은 조금씩 싱싱해진다. 뿌리에서 물관을 타고 잎으로 퍼져가는 물기운을 느끼며 안도의 숨을 내쉰다.

## 텃밭에 설치한 스프링클러

식물에게 가장 중요한 것을 꼽으라면 농사를 지어 본 사람이라면 단연코
물이라 답할 것이다. 가뭄이 지속된다면 식물은 갈증을 느끼다 고사하고
만다. 물 호스 들고 아침저녁으로 여유롭게 물 주는 장면을 생각한다면 전
원생활의 로망에 젖어있는 것이다. 땡볕에 물 호스 들고 몇 분만 서 있어
본 사람이라면 바로 인근 철물점으로 달려갈 것이다.

# 물을 많이 주면 나무는 죽는다

"몸 쓰는 게 마음 쓰는 것보다 덜 힘들어요.
일하고 있으면 완전 무아지경에 빠져요.
농사일 하면 복잡한 생각 못 하고,
오히려 휴식 같아요."

– 채상헌 교수 –

물을 많이 주면 나무는 죽는다.

뿌리의 역할이 필요 없어져 뿌리가 생기지 않는다는 것이다. 역할이 없어지면 좋을 것 같지만 더 비참해진다. 우리는 각자의 위치에서 무언가를 해야만 살아갈 가치를 얻게 된다.

어쩔 수 없이 역할이 사라지기도 한다. 몸이 아프거나, 능력이 없거나, 나이가 들거나, 아니면 하고 싶어도 사회가 받아주지 않을 때 우리는 역할을 상실한다. 그리고 점점 병들어 간다.

농촌이 병원이 될 수 있다.

농촌은 치유에 좋은 무대라고 채상헌 교수는 말한다. 주렁주렁 열린 과일, 무럭무럭 자라는 채소, 지저귀는 새, 이 모든 것이 배우다. 연출자는 바로 농부다. 녹색의 아름다운 자연 무대에서 배우들을 지휘하며 작품을 연출하는 과정에서 상처받은 마음이 치유되는 것이다.

> "치유농업"이란 국민의 건강 회복 및 유지·증진을 도모하기 위하여 이용되는 다양한 농업·농촌자원의 활용과 이와 관련한 활동을 통해 사회적 또는 경제적 부가가치를 창출하는 산업을 말한다.

'치유농업 연구개발 및 육성에 관한 법률'에 담긴 치유농업의 정의다. 아픈 사람뿐만 아니라 건강한 사람도 질병 예방을 위해 모든 국민을 치유농업의 대상에 포함한다. 건강의 회복, 유지, 증진을 목표로 농업·농촌의 자원을 활용해 치유행위를 하는 것이 특징이다.

예전의 농업은 단순한 생산활동에 불과했지만 이제는 다르다. 생산, 가공, 판매, 체험, 관광 등 모든 서비스를 제공하는 융복

미리 경험하는 은퇴

합 산업으로 발전했다. 그 안에 치유라는 의료행위까지 더해진
것이다.

치유농업의 모태는 유럽의 사회적 농업이다. 노인, 장애인 등
사회적 약자의 건강과 행복 증진이 그 목적이었다. 1980년대 이
후 농업 활동이 환자의 치유에 긍정적 영향을 끼친다는 연구 결
과가 한몫했다.

네덜란드의 경우에는 치유농장이 1,100여 개나 된다. 사회적
약자를 직접 픽업해 농장에서 치유 프로그램을 운영하고 그 대
가로 정부로부터 지원금을 받는 구조다.

우리나라 요양원이 가야 할 방향이다.

대부분 농촌에 있는 요양원이 시설 안에서만 의료 활동을 하
고 있다. 풍부한 자연환경을 이용하지 않고 단순히 병원처럼 운
영하는 것이다. 적은 비용으로 치유를 할 수 있는 농업을 전혀
이용하지 않는 이유가 궁금해진다.


'5도2촌'을 시작했다.

주말이면 시골에서 텃밭을 일구고 풀을 뽑으며 행복감을 느
낀다. 뒷산의 새소리를 들으며 평온함을 느낀다. 저녁이면 노곤

하게 꿀잠을 자고, 아침이면 저절로 눈이 떠진다.

귀촌 생활을 하며 몸소 느껴 보니 이제야 알겠다. 농촌이 최고의 요양원이라는 사실을.

## 정원 벤치

————

정원 디자인의 완성은 벤치다. 풀 뽑다 지친 몸을 잠시 충전하는 곳이지만 오브제 역할도 톡톡히 한다. 정원과 어울리는 나무 벤치를 힘겹게 조립해 설치했다. 이제 일하다 잠시 걸터앉아 쉬는 일만 남았는데. 벤치를 가장 많이 이용하는 게 호미와 낫일 줄이야.

▶ 치유농업의 정의
- 국민의 건강 회복 및 유지 · 증진을 도모하기 위하여 이용되는 다양한 농업 · 농촌자원의 활용과 이와 관련한 활동을 통해 사회적 또는 경제적 부가가치를 창출하는 산업

▶ 치유농업 관련 법
- 치유농업 연구개발 및 육성에 관한 법률(2021.03.25.)

▶ 치유농업의 효과
- [유아 · 아동 청소년] 긍정적 정서↑
- [가족] 소통 · 유대감↑
- [성인(직장인)] 스트레스↓ 활력↑
- [질환자] 심리 · 신체 건강↑
- [노인] 인지기능↑

▶ 치유농업프로그램
- 심리적 · 사회적 · 신체적 건강을 회복하고 증진시키기 위하여 치유농업자원, 치유농업시설 등을 이용하여 교육을 하거나 설계한 프로그램을 체계적으로 수행하는 활동

▶ 치유농업사
- 치유농업 프로그램의 개발 및 실행, 치유농업 서비스의 기획 및 경영, 치유농업 서비스의 운영 및 관리, 치유농업 분야 인력의 교육 및 관리, 치유농업자원 및 치유농업시설의 운영과 관리

▶ 우리나라 치유농업
- 2013년부터 농촌진흥청 주도로 농촌의 새로운 소득증진과 국민건강을 위해 연구 시작

▶ 해외 치유농업
- 네덜란드: 1999년부터 국가지원센터를 운영하면서 본격적인 치유농업 시작
- 독일: 원예치료를 중심으로 치유농업이 활발하게 성장
- 영국: 의료, 사회, 농장, 보호관찰 서비스 등의 목적으로 시행
- 벨기에: 정부 차원의 치유농업 연구 수행 및 재정 지원
- 프랑스: 윤리적이고 공동체적 활동으로 사회적 네트워크를 중요시하는 치유농업에 관심

▶ 사이트: https://www.agrohealing.go.kr(농촌진흥청 치유농업 ON)

# 만능 엔터테이너가 되라

"스스로가 한계라고 생각하는 순간
나 자신만 초라해진다.
언제나 지금 이 상황이 한계라고
생각하지 않는 것이 중요하다."

– 개그맨 정형돈 –

요즘 연예계는 만능 엔터테이너의 시대다. 한 분야만 잘해서는 성공할 수 없다. 노래, 춤, 연기, 언변 전부 잘해야 한다. 기획사도 만능 엔터테이너형 연예인을 키우기 위해 지원을 아끼지 않으며 공을 들이고 있다.

사실 따지고 보면 지금의 이야기만은 아니다. 예전 연예계도 만능을 원했다. 〈토요 대행진〉 등 예전 프로그램을 보면 가수가 노래만 부르는 게 아니라 노래 중간중간 콩트와 인터뷰를 곁들이는 경우가 많았다. 프로그램이 끝날 때까지 그들은 MC, 개그맨과 함께 다양한 퍼포먼스를 보여 줬다.

조용필, 김민종, 임창정, 탁재훈, 이승기, 차태현, 아이유, 지금의 모든 아이돌에 이르기까지 대표 만능 엔터테이너로 불리는 이들은 가요계, 영화계, 예능계를 섭렵하며 최정상급 연예인으로 자리 잡았다.

따지고 보면 연예인만 그런 건 아니다. 우리 일반인도 마찬가지다. 학생 때에는 문과 · 이과를 통틀어 국영수를 잘해야 했고, 국사, 사회, 체육, 미술도 잘해야 했다. 대학생이 되면 공부뿐만 아니라 다방면의 지식과 더불어 친구들을 사귀기 위해 노래, 춤, 운동에 능숙해야 했다. 직장인이 되어서도 해당 분야뿐만 아니라 타 분야의 역량을 지녀야만 실력을 인정받았다.

어쩌면 인간 생활에서 만능은 선택이 아니라 필수일지도 모른다. 한 분야만 파고든다면 그 분야에서 전문가로 인정받을 수는 있지만 거기까지가 한계다. 더 주목받으려면 대중 앞에서 강의도 해야 하고, 책도 저술해야 하고, TV 출연도 해야 한다.

미리 경험하는 은퇴

복잡한 조직을 떠나 시골에 가도 마찬가지다. 조용히 텃밭이나 일구며 자연과 더불어 살고 싶다는 마음은 단지 희망일 뿐이다. 터를 잡는 순간 모든 것을 혼자 해결해야 한다. 물론 돈이 많다면 전문가들을 불러 해결하겠지만 현실적으로 번거롭고 불편한 점이 많다.

우선 텃밭을 가꾼다면 다양한 병해충을 공부해야 한다. 마트에서 본 깨끗하고 싱싱한 채소는 그 공부의 결실이다. 그동안 듣도 보도 못했던 벌레와 해충이 농작물을 갉아 먹고 전염시키기일쑤다. 햇빛과 물은 필수이고 작물의 생리에 따라 거름과 비료도 줘야 한다.

집 관리는 더욱 어렵다. 도시 아파트처럼 알아서 유지 보수해주는 시설물관리원이나 경비원은 없다. 고장이 나거나, 누수가되거나, 녹이 슬거나, 다양한 문제점이 표출되면 우선 집주인이원인을 파악하고 대처해야 한다.

인프라가 미약한 시골의 생활은 변화무쌍하다. 비가 많이 오면 집 주위에 토사가 흘러내려 배수로가 막히면 몇 날 며칠 고생하며 원상복구 해야 한다. 힘과 시간이 남아돈다면 모르겠지만장비와 기계의 필요성을 실감할 것이다.

귀농·귀촌을 위한 강의를 들어보면 농기계 다루는 법을 배우거나 중장비 자격증까지 따는 것을 조언한다. 사람의 힘은 자연 앞에서는 대단히 미약하다. 한여름 땡볕에 한 시간만 일해 보면 절실히 깨달을 수 있다.

요즘은 텃밭 관리도 굴착기로 한다고 한다. 고구마, 감자 캐기에도 좋고 집 주변 배수로 정비에도 탁월하다. 짧은 시간에 쉽게 토양을 정비할 수 있어 건설 현장에서 빠질 수 없는 중장비 중 하나다.

포크레인 또는 굴삭기라 불리는데 정확한 명칭은 굴착기다. 포크레인은 브랜드명이고 굴삭기는 일본식 표현이기 때문이다. 3톤 이하의 굴착기는 소형으로 분류하고 중장비 학원에서 3일간 이론교육과 실습만으로도 자격증을 취득할 수 있다. 또한 농기계임대사업소에서 임대해 주는 굴착기는 대부분 3톤 미만의 소형 굴착기다.

귀촌인에게 시골은 단순한 여행지가 아니다. 이지성 작가가 《에이트》에서 '여행자가 아닌 생활인으로, 이방인이 아닌 현지인으로'라고 문화인류학적 여행을 강조했듯이 진정으로 시골에 흡수되는 여행을 해야 한다. 시골에서 얼마나 오래 머물렀냐가 아닌 모든 상황에 대처할 수 있게 시골과 밀접한 관계를 맺어야 한다. 그러기 위해서는 어느 정도 시골 생활의 전문가가 되어야 한다.

농사꾼은 단순직이 아니다. 단순히 농작물만 재배하고 생산하는 것이 아닌 다양한 변수가 있는 시골에서 모든 상황을 자신이 처리해야 하는 멀티 엔터테이너형 전문직이다. 아이돌이 노래만 부르지 않고 대중의 요구에 부응해 다양한 재능을 연마하듯 귀농귀촌인도 그래야 한다. 그렇지 않으면 아이돌이 연예계에 적응 못 하고 은퇴하듯 시골에 제대로 정착하지 못하고 다시 도시로 향하게 될 것이다.

**건설기계조종사 면허증**     **굴착기 학원 실습**

———————

시골에 살려면 시설물관리원을 겸직해야 한다. 건물 유지보수는 물론 집 주위 정비도 손수 해야 한다. 뒷동산은 새들의 노랫소리와 좋은 경치를 보여 주지만 폭우가 내리면 감당 못 할 결과를 초래하기도 한다. 세상에 공짜란 없다. 혜택이 있으면 그만큼의 대가를 치러야 한다.

# 전원생활은 장비빨이다

"남보다 적게 가지고 있으면서도
그 단순과 간소함 속에서
삶의 기쁨과 순수성을 잃지 않고
자기 자신다운 삶을 조촐하게 살아가는
사람이야말로 살 줄 아는 사람이다."

– 법정 스님 –

    필요한 물건이 있으면 반드시 구입하던 시절이 있었다. 그중 대부분은 몇 번 쓰고는 창고행이 되어 방치되었다. 시간이 흘러 그 물건이 있었는지조차 잊히고 말았다. 전자기기가 대부분이었고 가전제품도 있었고, 옷과 신발에 이르기까지 내 곁을 떠난 물건이 많았다.

이사 갈 때면 그런 물건들이 다시 소환되었고 일부는 버리고 일부는 아까워 다시 이삿짐 속에 넣어졌다. 몇 번의 이사를 거치면서 그 양은 계속 줄어갔다. 지금 아파트에는 정말 필요한 물건만이 나와 함께하고 있다.

전원주택을 지으면서 창고는 짓지 않겠다고 다짐했다. 필요 없는 물건은 절대로 사지 않겠다고 결심했다. 한두 번 쓰고 버려진 물건의 기억을 교훈 삼아 없으면 없는 대로 살기로 했다.

다짐은 오래가지 않았다. 5도2촌의 귀촌 생활이지만 결국 창고는 지어졌고, 그 안에는 각종 물건으로 채워져 갔다. 심사숙고하며 구매했지만 여전히 필요한 물건은 늘어났다.

시골 생활에서 꼭 필요한 물건은 농기구다. 가장 많이 사용하는 호미를 비롯해 상황에 따라 다양한 농기구가 필요하다. 호미는 역시 만능 농기구다. 밭에 나갈 때면 가장 먼저 챙기게 된다. 풀 뽑을 때도, 흙 고를 때도, 작물 심을 때도 호미는 필수다.

삽이나 괭이, 낫도 당연히 필요하다. 호미로 할 수 없는 작업도 많기 때문이다. 풀 뽑다 허리 아프면 엉덩이 의자를 사게 된다. 망치나 못, 톱 같은 공구도 필요하고, 녹이 슬면 락카, 구멍을 메꾸는 실리콘도 있어야 한다. 농작물을 키우기 위한 살충제, 비료도 구입해야 한다. 고추를 심는다면 고춧대, 비닐, 끈을 사게 된다.

　가뭄이 계속되면 스프링클러를 찾게 된다. 땡볕에 물 호스 들고 뿌리는 건 해 본 사람만이 안다. 덥기도 하지만 조금씩 뿌리는 물은 땅을 충분히 적시지 못한다. 흙 속에 충분한 수분을 공급하려면 몇 시간 동안의 물 뿌림이 필요하다. 잠깐씩 주는 물은 흙 표면만 적실 뿐 땅을 파 보면 그대로 메말라 있다.

　'까짓 풀이 나면 조금씩 뽑으면 되지.' 하는 생각을 가졌다면 초보 농사꾼이다. 비가 오면 쑥쑥 자라는 풀들, 뽑는 것으로 해결이 안 된다는 것은 경험한 자만이 알 수 있다. 결국 예초기를 사게 된다. 시원하게 잘린 풀들, 마치 이발하고 났을 때의 개운함을 느끼게 될 것이다.

　마당에 잔디를 심었다면 잔디깎기 기계는 기본이다. 적어도 2주일에 한 번은 깎아야 한다. 그래야 잔디도 잘 퍼지고 그 속의 풀들도 제거할 수 있다. 잔디깎기 기계를 샀다면 깎은 잔디를 나르기 위한 손수레도 필요해질 것이다.

가장 최근에는 몇 번을 망설이다 결국 브로워를 구입했다. 집 주위 구석구석, 고랑 사이에 어찌나 낙엽과 먼지들이 쌓여가는지. 시골은 바람이 그려놓은 캔버스 같다. 이리저리 흩날리다 구석에 자리를 잡으면 그 위에 거미줄이 쳐지고 벌레가 꼬인다. 빗자루로 쓸면 다른 물건들 때문에 잘 쓸리지도 않는다.

전원생활을 꿈꾼다면 모든 걸 스스로 해결할 각오부터 해야 한다. 그러기 위해서는 장비가 필요하고, 그것들을 쌓아둘 창고가 있어야 한다. 당신이 생각하는 것보다 크면 클수록 좋다. 비움의 미학일랑 애당초 버리시길.

## 소형 텃밭관리기 임대

---

몇 평 안 되는 텃밭을 삽으로 파다가 멈췄다. 허리와 팔, 온몸이 아프기
시작했다. 결국 농업기술센터에서 운영하는 농기계임대사업소를 찾았다.
소형이지만 로터리 기능이 있는 관리기가 도착하고 시원스럽게 갈아지는
흙, 땀으로 온몸을 적시고 나서야 농기계의 필요성을 깨달았다.

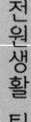

▶ 농기계임대사업(무안군)

- 목적: 농기계의 이용률 제고 및 농업기계화를 촉진하고 농가 부담경감과 농업의 생산성 향상, 농촌경제의 활성화 추진
- 관련 규정: 무안군 농기계임대사업 운영조례
- 임대기간: 연중
- 임대장소: 무안본소, 일로분소, 운남분소, 해제분소
- 임대대상: 등록지나 경작지가 무안군에 있는 농업인
- 임대기종: 818대
- 임대방법: 농가당 1대 3일 이내
- 사용료: 유상임대
  - 농업용 트랙터(바퀴형): 210,000원/1일
  - 굴착기(1톤): 110,000~130,000원/1일
  - 동력예취기(일반형): 64,000원/1일
  - 로타리(보행관리기): 18,000원/1일
- 임대절차: 임대차계약서 작성 후 임대 → 운반 → 사용 → 반납

# 자연은 계약 연장이 없다

봄이 올 것이라는 희망을 통해
사람들은 쓰디쓴 겨울을
감내할 수 있는 것이다.

– 젠 셀린스키 –

　끝이 없을 것만 같았던 추운 겨울이 지나고 어김없이 봄은 찾아왔다. 자연은 욕심이 없다. 시간이 지나면 다음 주인에게 고스란히 자리를 내준다. 3개월의 전세 기간이 끝나면 미련 없이 이사를 간다.

　얼었던 땅이 녹자 마르고 앙상했던 식물들은 서서히 꽃망울을 틔운다. 기온이 영상으로 올라가고 아지랑이가 피어오르면 새 주인을 맞이하는 농부의 마음은 바쁘다. 묵었던 텃밭을 정리하고 파종할 준비를 해야 한다. 전 주인이 가끔 시샘을 부리지만 오래가지 못할 것이란 걸 농부는 경험으로 직감한다.

밭 정리는 수월하지 않다. 죽은 풀과 작물들은 쉽사리 사라지지 않는다. 작은 풀들은 바로 갈아도 되지만 큰 나뭇가지나 덤불이 문제다. 법적으로도 태울 수 없으니 퇴비로 쓰거나 구석에 모아둬야 한다.

각 지자체는 산불 발생 위험이 높은 봄철에 특별 대책기간을 설정해 비상체제에 돌입한다. 논밭두렁 태우기와 영농부산물 소각행위가 대형산불로 이어지는 경우가 많다 보니, 산림보호법으로 산림 100m 내 소각행위를 금지한다.

봄철 영농 준비에서 가장 중요한 것이 토양개량이다. 작물의 생육조건 중 토양이 50~60%라고 할 정도로 토양이 중요하다. 기후야 신의 영역이지만 흙은 그나마 인간이 제어할 수 있는 부분이기도 하다. 멀칭했던 비닐은 종량제 봉투에 넣어 버리거나 마을 영농폐자재 수거 장소에 갔다 두어야 한다.

비료를 많이 준 텃밭이라면 땅이 산성화되었으니 석회를 뿌

미리 경험하는 은퇴

려 중성화시켜야 한다. 퇴비나 유기질 비료를 주어 토양 속 미생물을 번식시키는 것이 중요하다. 미생물은 흙을 연하게 하여 숨쉬는 살아있는 토양으로 만든다. 조심할 것은 미부숙 퇴비는 열과 가스로 작물에 피해를 주기 때문에 부숙된 퇴비를 사용하거나 파종 10일 전쯤 주는 것이 좋다.

나무가 있다면 가지치기를 할 시기이기도 하다. 잔가지를 정리해 주고, 솟은 가지, 아래로 처진 가지, 안쪽으로 들어간 가지, 겹친 가지들을 잘라내야 한다. 나무에 통풍이 잘되도록 해야 병충해 피해도 입지 않고 산소가 잘 공급된다. 가을에는 잔가지에 저장된 영양분이 굵은 가지와 뿌리로 모아지므로 봄이 되기 전에 가지치기를 하면 양분과 수액 손실을 줄일 수가 있다.

3월부터는 나무나 이른 작물을 심을 수가 있다. 4월이 식목일이지만 요즘은 지구 온난화로 3월만 되어도 언 땅이 녹으니 식재가 가능하다. 나무를 너무 많이 심으면 나중에 그늘이 져서 다른 작물에 피해가 되므로 다 자랐을 때를 예상하여 적당한 거리를 계산해 심어야 한다.

모종의 경우 밤 9시 이후 온도가 10도 이상이 되어야 냉해 피해를 입지 않는다. 5월경이 적당하지만 씨앗 파종이라면 4월에도 가능하다. 농촌진흥청 농사 정보의 작물별 파종 시기를 참고하거나, 아니면 옆집 심을 때 같이 심으면 틀림없다. 가장 훌륭한 스승은 그 지역에서 농사를 지어온 토박이 농부다.

봄도 겨울과 마찬가지로 전세 기간이 있다. 여름에게 자리를 내주기 전까지 임대기간을 효율적으로 사용해야 한다. 잡초를 몰고 오는 혹독한 여름 주인을 견디려면 몸도 마음도 워밍업을 해야 한다. 그래야 결실의 주인인 가을을 무사히 맞이할 수 있다.

자연은 계약기간을 절대로 연장하지 않는다. 게으른 농부에게 계절은 관대하지 않다. 계절의 잔소리를 견디고 부지런히 일하면 풍성한 과일과 멋진 단풍을 선사할 것이다. 다음 해 재계약의 기쁨도 줄 것이다.

## 정원 단풍나무

정원에 가장 먼저 심은 나무가 벚나무와 단풍나무였다. 봄과 가을을 알리는 대표 나무이기 때문이다. 하얀 벚꽃을 시작으로 다른 꽃들이 앞다퉈 정원을 화려하게 장식할 것이고, 붉은 단풍이 들면 정원 일을 정리할 때가 온 것을 알 터다. 아직은 어려서인지 제대로 물들지 못하는 단풍나무, 초보 농사꾼의 가드닝 기술이 부족한 것 같아 왠지 미안한 생각이 든다.

# 흙은 생명의 근원이다

"지구 땅과의 직접 접촉을 통해
인체에 흡수된 자유 전자 유입이
활성산소를 중화시켜
급성 및 만성 염증성 증상을
진정시킨다."

– 이라크 무사 교수 –

　　대학생 시절, 동기와 술을 마시다 설전을 벌인 적이 있었다.
'의식주'의 중요 순위에 대한 논쟁이었는데 친구는 '식'이, 나는
'의'가 중요하다는 주장이었다. '그럼 내일부터 나는 밥을 안 먹
고 친구는 옷을 안 입고 누가 더 오래 견디는지 내기하자.'고까
지 이어졌다. 물론 먹는 것이 중요하지만 현대 사회에서 옷을 안

입고는 사회생활을 할 수 없다는 생각에서였다.

옷은 네안데르탈인부터 입었다고 하니 꽤 오랜 역사를 지니고 있다. 추위 방지, 자연재해나 짐승으로부터 보호, 수치심 극복, 이성의 관심 등 옷의 기원은 다양하다.

옷과 함께 신체를 보호하는 것이 하나 더 있다. 바로 신발이다. 옛날 왕이 맨발로 길을 걷다가 가시에 찔리자 모든 땅에 카펫을 깔라는 명령을 내렸고, 어느 신하가 카펫을 잘라서 발에 붙이자는 제안을 해서 신발이 만들어졌다는 유래가 있듯 신발은 험한 길을 걷기 위한 필수품이다.

옷과 신발의 유래를 되짚어 본다면, 인류는 본래 맨몸, 즉 나체로 살았다는 것이 증명된다. 인간도 지구에 거처하는 생물이니 자연처럼 본연의 모습대로 사는 것이 가장 좋을 터다.

그렇다면 본성으로 돌아가는 것이 인간에게 이로운 행위가 아닐까?

그래서인지 아무런 옷을 입지 않은 상태로 알몸을 추구하는 이들이 생겨나고 있다. 누드 사진이나 누드비치, 나체주의 등 어쩌면 진정한 자연주의의 표출일지도 모른다. 체모가 감소한 생물학적 진화, 사회 문화적 환경 때문에 공공장소에서 실현하기는 힘든 제약만 없다면 말이다.

옷은 그렇다 치고 신발을 벗는 것은 비교적 쉽다. 지금도 집이나 해변가에서는 맨발로 걷고 있지 않는가? 나체족과 만찬가지로 흙을 맨발로 밟는 행위를 추구하는 이들을 '어씽(earthing)족'이라 한다.

맨발 걷기는 발바닥이 지면과 접촉하면서 지압효과가 발생해 혈액순환을 개선하고 혈압을 안정시킨다. 발의 신경을 자극해 근육 발달과 인대근막 강화에도 도움을 준다. 신체 균형 감각을 발달시키면 운동신경도 향상되고 흙과 직접 접촉하면서 활성산소를 배출해 혈액이 깨끗해진다. 특히 자연 속에서 흙을 직접 밟아봄으로써 피로해소와 스트레스 완화에 효과적이다. 이런 이로운 점 때문에 전국 곳곳에 맨발로 걷는 황톳길이 조성되고 있다.

흙은 지구 표면을 덮고 있는 바위가 부스러져 생긴 가루인 무기물과 동식물에서 생긴 유기물이 섞여 만들어진 물질이다. 흙이 2~3cm 만들어지기까지는 무려 천 년의 시간이 걸린다고 한다. 수많은 세월 동안 숙성된 온갖 미생물이 살아 숨 쉬는 흙, 그

미리 경험하는 은퇴

흙 속에서는 종자가 발아하고 생물이 잠을 잔다.

그런 흙이 콘크리트와 아스팔트에 덮이고, 화학비료와 농약에 오염되고 있다. 미국 농기계업체 존 메이 회장은 '앞으로 더 많은 사람이 더 적은 땅에서 살아야 한다.'며 흙의 오염과 감소를 우려했다. 소중한 흙을 오염시키는 것도 인간이고 지킬 수 있는 것도 인간이다. 흙의 소중함을 되돌아보고 흙을 가까이해야 한다. 흙을 직접 만져보고 밟아보고 체험해봐야 한다.

흙은 모든 생명의 근원이다. 그 자체로도 살아 있는 존재다. 흙에서 태어나 흙으로 돌아가는 인생, 흙을 소중히 다루며 직접 느끼는 삶, 바로 시골에서 텃밭을 가꾸는 전원생활에서 얻을 수 있는 혜택이다.

## 정원 지압 산책길 만들기

---

맨발로 정원 일을 하는 정원사를 닮고 싶었다. 신발을 벗고 자연을 직접 대하는 진정한 정원사가 되고 싶었다. 손과 발의 촉감을 느끼며 자연을 대하고 싶었다. 지압 효과로 건강을 얻는 것은 덤이니 더없이 좋은 아이디어라 생각했다. 삼 일을 고생한 끝에 완성했다. 두 번 다시는 하지 못할 것 같다.

▶ 명인들의 걷기 예찬

전원생활 팁

약으로 고치는 것보다는 음식으로 고치는 것이 낫고
음식으로 고치는 것보다는 걸어서 고치는 것이 낫다.

— 허준, 《동의보감》

나에게는 두 명의 주치의가 있다.
왼쪽 다리와 오른쪽 다리다.

— 트리밸리언

걷기는 최고의 운동이다.
멀리 걷기를 반드시 습관하라.

— 토마스 제퍼슨

걷기는 그 어떤 감각도 소홀히 하지 않는 온몸의 경험이다.

— 다비드 르 브르통

우유를 마시는 사람보다 우유를 배달하는 사람이 더 건강하다.

— 영국 속담

# 농업의 힘은 강하다

코로나19 바이러스로 인해 전 세계가 비상사태를 맞고 있다. 안타깝게도
인간이 살아가는 동안 이러한 비상사태는 어느 분야에서도 발생할 수 있다.
만약 그것이 질병이 아니고 식량 문제라면 그 상황은 훨씬 더
복잡하고 끔찍할 것이다. 식량은 인간다운 삶을 위해 미리
준비해야 할 것 중에서 가장 기본적인 것이다.

– 박현출, 《농업의 힘》 중에서 –

옛날 전쟁 하면 성을 함락시키는 장면이 먼저 떠오른다. 영화
나 드라마에서 많이 보던 장면이다. 공격하는 쪽은 성문을 열고
함락시키려 하고 방어하는 쪽은 성문을 굳게 걸어 잠그고 버틴
다. 그래서인지 성을 함락시키는 방법 중 성안 식량이 다 떨어질
때까지 기다리는 방법도 있다.

미리 경험하는 은퇴

1636년 12월, 병자호란이 일어나자 인조는 1만 3천 명의 군대를 데리고 남한산성에 들어갔다. 당시 성안에는 양곡 1만 4천 석 정도가 있었는데 50여 일 정도를 견딜 수 있는 식량이었다. 인조는 남한산성에서 47일을 버티다 식량 부족으로 결국 청나라에 항복하고 만다.

'이 공포의 원인이 식량 부족이었다면?'

2년 이상 지속되었던 코로나19, 인류에게 커다란 공포를 안겨 준 팬데믹임에 틀림없다. 공포의 원인이 만약 코로나바이러스가 아니고 식량 부족 문제였다면 어떻게 됐을까 하는 저자의 의문에 깊은 공감을 하게 된다.

바이러스는 거리두기를 하고 마스크를 쓴다면 버틸 수 있다. 즉 사람 간 접촉을 막는다면 죽지는 않는다. 그러나 식량은 문을 걸어 잠그는 순간 죽음으로 이어진다. 먹어야 사는 인간의 숙명이다.

초등학생 저학년 때까지만 해도 우리나라는 식량 부족이 심한 나라로 기억된다. 식사 시간이 다가오고 엄마의 '밥 먹자'라는 말은 전쟁의 선전포고나 다름없었다. 행여 늦게 밥상에 앉는 날이며 배를 곯고 자야만 했다. 고기반찬이라도 나오는 날에는 젓가락 싸움을 벌이며 치열하게 전투해야 했다.

쌀 소비를 줄이기 위해 도시락에 보리밥을 섞어 싸 오라는 정책까지 있었다. 점심시간이 되면 선생님은 뚜껑을 열어 도시락 검사를 하던 시절이었다. 보리밥과 쌀밥이 섞여 거무튀튀한 밥들이 책상 위에 펼쳐지는 시절이었다.


우리나라 농업의 문제를 얘기할 때 소농과 자급률 저하를 자주 거론한다. 조그만 나라에서 많은 농업인구가 생산하다 보니 소농이 늘어난 것이다. 게다가 도시 집중화, 장수사회 등으로 시골에는 고령농이 점점 증가하고 있다. 정치적 이유, FTA 피해 등으로 소농 지원은 끊이지 않고 결국 농업경쟁력은 떨어지게 되는 것이다.

또한, 우리가 먹을 식량의 대부분을 해외에서 사오는 게 현실이다. 2022년 기준으로 우리나라 식량 자급률은 49.3%, 곡물 자급률은 22.3%로 매우 낮다. 외국에서 곳간 문을 걸어 잠그기라도 한다면 우리는 심각한 식량부족 상황에 처할 것이 뻔한 일이다.

'농업의 힘'이란 농업의 중요성을 강조한 말일 게다. 옛날에는 농사일이었고 농사꾼이었다. 지금은 농업이고 농업인이다. 농업을 하나의 업으로 간주해야 한다. 취미농이나 귀촌 같은 농업은 또 다른 농업의 역할 때문에 버릴 수는 없겠지만 농업의 경쟁력에는 도움이 되지 않는다.

예전에 한강에서 '농촌사랑 마라톤대회'에 참가한 적이 있었다. 5km를 뛰었는데 참가상으로 쌀을 주었다. 통통 부은 다리, 평상시보다 수십 배나 더 무거운 쌀을 등에 짊어 메고 지하철 계단을 내려가는데 정말 쌀을 버리고 싶은 마음이었다. 그러나, 집까지 그 쌀을 버리지 않고 가져갔다.

'농업의 힘'이란 나와 내 가족이 살아갈 수 있게 해 주는, 아무리 고통스러워도 짊어지고 가야 할 그 쌀의 '무게'이지는 않을까!

## 텃밭 양배추 수확

---

이웃집에서 심다 남은 양배추 모종을 나눠주었다. 텃밭에 심었지만 물도 비료도 제대로 주지 못했다. 몇 달 후 마트에서 판매하는 것의 반 정도 되는 크기의 양배추를 수확했다. 가볍게 들리는 양배추를 보며 왠지 주인을 잘못 만나 불쌍해 보이지만 첫 수확의 기쁨인지 가슴 한편에 뿌듯함이 밀려왔다.

# 잡초는 없다

가난한 집 자식이 성공하는 경우가 많다. 일반적으로 부잣집 자녀들이 잘살 것 같지만 대기업 자녀들이 마약을 하거나 음주 운전을 해서 사회적 물의를 일으키는 경우를 뉴스에서 종종 보곤 한다. 반대로 성공한 사람들의 과거 스토리를 들어보면 가난하고 힘들게 살아온 경우가 허다하다.

김수영 시인은 〈풀〉이라는 시에서 가난하고 억눌려 사는 민중의 상징으로 풀의 강인함을 표현했다. 민중을 억누르는 지배 세력인 '바람'에 의해 눕고 우는 풀의 고난을 이야기하며 바람보다 늦게 누워도 먼저 일어나고 바람보다 늦게 울어도 먼저 웃는 다며 풀을 찬양했다.

바람이 잡초를 이길 수 없듯이 인간도 잡초를 이길 수 없다. 전원생활을 하다 보면 절실히 깨닫게 되는 것 중 하나다. 들어서 얼핏 알고는 있었지만 겪어보지 않으면 자칫 우습게 생각하는 잡초의 강인함, 그렇다면 굳이 그들과 싸워야 할까? 그들을 이길 수 없다면 공생하는 법을 배워야 한다.

잡초를 굳이 제거하지 않아도 작물은 죽지 않는다. 풀이 있으 면 되레 작물은 경쟁하면서 더욱 강해진다. 열매가 더욱 굵어지 고 견실해진다. 풀이 땅에 숨구멍을 만들어 줘서 산소와 수분 공 급이 원활해지기도 한다. 또한 죽어서는 작물에게 유용한 유기 질 거름이 되기도 한다. 잡초는 지구의 살갗과 같다. 온습도 유지 는 물론 토사와 거름 유출 방지 역할도 한다.

잡초 종자는 대부분 광발아성이다. 햇빛을 받아야 싹을 틔운 다. 밭에 검정색 멀칭비닐을 까는 이유다. 즉 잡초를 뽑는 행위는 잡초 씨앗에 생명을 부여하는 행위다. 잡초를 뽑으면 땅속 다른 씨앗이 지표면으로 튕겨 나오며 햇빛을 보게 되어 또다시 잡초가 발생하는 이치다.

수확량이 뛰어나다는 벼는 한 포기에서 천여 개의 열매가 맺히지만 잡초는 수십만 개의 열매를 맺는다. 또한 수명도 몇십 년을 유지한다. 잡초 씨앗은 바람과 사람에 의해 주위로 옮겨지며 스스로 튕겨 보내는 잡초도 있어 땅속의 잡초 종자를 전부 없애는 것은 불가능하다.

잡초에게도 이름이 있다. 주위에서 흔히 볼 수 있는 잡초는 바랭이, 명아주, 강아지풀, 새포아, 붉은서나물, 민들레, 씀바귀, 별꽃아재비, 괭이밥, 고들빼기, 까마중, 망초, 쇠비름, 쑥, 엉겅퀴, 쇠무릎, 토끼풀, 냉이, 깨풀, 별꽃, 뱀딸기, 닭의장풀, 방가지똥, 꽃받이, 광대나물, 주름잎, 질경이, 돼지풀, 여뀌, 사광이풀, 환삼덩굴, 방동사니, 박주가리, 자리공, 애기똥풀, 소리쟁이, 쇠뜨기, 클로버 등이다.

먹을 수 있는 잡초도 있다. 명아주, 질경이, 괭이밥, 엉겅퀴 같은 것은 약용으로 쓰이기도 하고, 돌나물, 냉이, 고들빼기, 비름처럼 나물로 먹는 것도 있고 뱀딸기, 까마중처럼 열매를 그냥 먹는 것도 있다. 잡초는 인간이 애써 키우는 것이 아니라 자연에서 스스로 자랐기 때문에 이로운 성분도 많다.

예로부터 논밭의 잡초를 얼마나 많이 효율적으로 없애느냐가 부지런한 농사꾼의 척도였다. 그러나 아무리 뽑아도 끊임없이 생겨나는 잡초들, 제초에 드는 비용과 시간을 절감하는 길은 잡초와 공생하는 길뿐이다. 더욱 중요한 것은 인간이 자연에 최소한으로 개입해 생태계가 스스로 유지되게 하는 것, 이것이 바로 농업이 가야 할 길이다.

자연에 존재하는 모든 생명은 저마다의 사명을 띠고 태어난다. 작물을 키우기 위해 없애야 하는 식물을 우리는 잡초라 표현하며 필요 없는 것이라 인식한다. 그러나 그들에게도 이름이 있고 역할이 있다. 잡초도 자연이고 생명이다.

민지가 아침 일찍 눈 비비고 일어나
저보다 큰 물뿌리개를 나한테 들리고
질경이 냉이개 토끼풀 억새……
이런 풀들에게 물을 주며
잘 잤니, 인사를 하는 것이었다.
그게 뭔데 거기다 물을 주니?
꽃이야, 하고 민지가 대답했다.
그건 잡초야, 라고 말하려던 내 입이 다물어졌다.

내 말은 때가 묻어
천지와 귀신을 감동시키지 못하는데
꽃이야, 하는 그 애의 말 한마디가
꽃잎의 풋풋한 잠을 흔들어 깨우는 것이었다.

– 정희성 시인, 〈민지의 꽃〉 중에서 –

# 내가 만든 정원

정원을 만들고 처음에는 시장에서 예쁜 꽃들을 이름도 알지 못한 채 사다 심었다. 꽃들은 얼마 되지 않아 정원의 거름으로 사라졌다. 노지월동, 내 병성 등 식물 특성도 모르는 초보 가드너에게 희생당한 꽃들, 그래도 실 패는 훌륭한 스승이 되었다. 꽃 이름부터 재배방법, 재배특성을 공부하게 만든 계기였다. 그냥 심으면 자라는 줄 알았던 꽃, 풀 뽑기, 물주기, 시비, 가지치기 등 어찌나 공부할 게 많은지, 좋은 점은 정원을 가꾸면 심심함과 외로움은 사라진다.

전
원
생
활  팁

▶ 잡초의 정의
 • 인간에 의해 재배되지 않고 저절로 자라서 직간접적으로 작물에 해를 주어 생산을
   감소시키고 농경지의 경제적 가치를 저하시키는 잡다한 초본류
▶ 잡초의 해로운 점
 • 식물이 차지할 공간을 점령하고 양분과 수분을 빼앗음
 • 햇빛을 차단해서 광합성 방해
 • 통풍을 저해하고 작물의 생장을 방해
 • 병균과 벌레의 번식처
▶ 잡초 방제법
 • 예방적 방제, 기계적 방제, 경종적 방제, 생물적 방제, 화학적 방제, 종합적 방제
▶ 발생시기별 잡초 종류
 • 봄잡초(2～5월): 새포아풀, 뚝새풀, 개여뀌, 별꽃, 주름잎,  광대나물, 냉이, 토끼풀, 민
   들레, 제비꽃 등
 • 여름잡초(5～9월): 바랭이, 강아지풀, 닭의장풀, 쇠비름, 깨풀, 방동사니, 띠, 쑥, 괭이
   밥, 쇠뜨기, 질경이, 쑥부쟁이 등
 • 가을 · 겨울잡초(10～3월): 벼룩나물, 개망초, 망초, 실망초, 개불알풀, 광대나물, 토끼
   풀, 애기수영 등
▶ 잡초 수
 • 81과 619종
   - 논 28과 90종, 밭 50과 375종, 과수원 63과 492종, 목초지 52과 275종
▶ 제초제
 • 작물의 영양분을 빼앗아 생육을 저해하는 잡초를 없애주는 농약
 • 제조체 등록 수: 588품목

제4장

# 은퇴, 그날을
## 준비하자

# 나만의 공간을 만들자

20세기 초 버지니아 울프는
연간 500파운드와 자기만의 방을 가진다면
여자들도 가치 있는 삶을 살 수 있다고 주장했다.
100여 년이 지난 오늘날
한국 남자들에게도 자기만의 방이 필요하다.
한국 남자의 이 몹쓸 분노와 적개심은
아파트라는 매우 한국적인 주거 공간과 밀접한 관계가 있다.
전통가옥에는 사랑방이라는 가부장적 공간이 아주 폼나게 있었다.
그러나 아파트가 들어오면서 상황은 바뀌었는데
남자의 공간은 사라지고 아주 못된 가부장적 습관만 남았다.

- 김정운, 《바닷가 작업실에서는 전혀 다른 시간이 흐른다》 중에서 -

뒤뜰에 마구 자란 아까시나무를 베어 아궁이를 지피면 수액
이 지글지글 뿜어나오며 방 안은 어느새 온기가 감돌기 시작했

미리 경험하는 은퇴

다. 해 질 무렵이면 겨울 내내 아궁이를 지피는 것은 아버지의 빼놓을 수 없는 일과였다.

특별히 할 일 없는 겨울밤, 방 한 칸에 온 가족이 옹기종기 모여 따뜻한 아랫목 이불에 몸을 묻고 TV를 보며 추위를 이겼다. 9시 뉴스가 시작되면 우리는 가방에서 노트를 꺼내 숙제하다 잠들곤 했다.

사춘기에 접어들며 내 방을 갖기를 소원했다. 녹록지 않은 시골 환경, 결국 방 한구석에 낡은 철제 책상을 놓고 허름한 책꽂이 하나 얹은 것이 내 공간의 시작이었다.

조그만 새집을 짓고, 오래된 흙벽돌 집이 내 공간이 된 날은 큰 기쁨이었다. 방 한 칸 낡은 시골 방을 요리조리 꾸미며 나만의 공간을 만들어 갔다. 책상 배치를 바꿔보기도 하고, 액자를 걸고, 장식품을 배치하며 내 삶의 공간을 디자인해 나갔다.

성인이 되어 결혼하고 아파트 생활을 하며 내 공간은 다시 사라졌다. 작은 방들은 아이들 차지가 되었고 안방은 그저 퇴근 후 지친 몸을 추스르는 곳에 지나지 않았다.

김정운 교수는 그 사람이 어떤 사람인지 알고 싶으면 그 사람의 공간을 가보면 안다고 말했다. 자신만의 어떠한 공간을 갖고 그곳에서 어떻게 자신을 구현하며 살아가는지가 그 사람의 삶이라는 것이다.

전원주택을 지어 귀촌했지만 후회하는 이들이 많다. 2~3년 살다 외롭고 불편한 시골 생활에 지쳐 다시 도시로 돌아가곤 한다. 집을 짓고 후회하는 사람의 대부분은 그 공간을 온전히 자신의 공간으로 구현하지 못해서다. 그 공간에서 자신을 표현하지 못하고 자신을 찾지 못하기 때문이다.

인간은 외로움을 겪어야 자신을 찾고, 창의적이 된다고 김 교수는 부언했다. 일본에서 4년 동안 혼자 산 경험을 토대로 여수 조그만 섬에 집을 짓고 홀로 지내며 자신이 진정 좋아하는 것을 찾게 되고, 창작활동에 전념하게 되었다고 한다.

자기만의 공간을 만들고 그곳에서 외로움과 친숙해지며 창의성을 발휘하는 것, 작가나 예술가만의 특권은 아니다. 지구라는 별에 홀로 태어나 홀로 떠나는 인간의 본성을 깨닫고 외로움도 삶의 일부로 받아들이며 즐기는 것이 인간의 숙명 아닐까!

스티브 잡스는 연인을 찾는 것처럼 좋아하는 것을 찾으라고 했다. 젊은 시절에는 사랑을 주고받기 위해 연인을 찾아 헤맸지만, 노년이 되면 홀로 즐길 수 있는 무언가를 찾아야 한다. 과거를 잊지 못해 여전히 연인, 지인을 찾아 헤맨다면 더 외로운 노년이 될 것이다.

외로움을 당연한 삶으로 받아들이고 향유하기 위해서는 나만의 공간이 필요하다. 그곳에서 내가 진정 좋아하는 것이 무엇인지를 찾아내고 내 존재를 다시 확인하는 시간을 보내야 한다. 그것이 바로 노년의 삶을 윤택하게 보낼 수 있는 방법이다.

중년에 접어드니, 은퇴 후의 삶을 걱정하게도 되고 기대하게도 된다. 제2의 인생을 어떻게 그려나갈까 고민하게 된다. 내가 좋아하는 것이 무엇인지, 외로움과 어떻게 친숙해질지 신중히 숙고해야 할 때다.

그 첫 단계가 바로 오롯이 나만의 공간을 만드는 것이다. 새들이 지저귀는 뒷동산, 농작물이 자라는 작은 텃밭, 알록달록한 꽃이 피는 정원, 그곳에 나의 공간을 만들고 나를 찾는 여행을 시작한다.

## 전원주택 전경

———

정원수들이 꽃들을 피울 때면 나의 공간은 더욱 화려해진다. 텃밭 작물이 싱싱하게 자랄 때면 나의 공간은 더욱 풍성해진다. 홍가시나무 울타리에서 빨간 새순이 나올 때면 나의 공간은 더욱 아늑해진다. 조경석 사이에 심은 영산홍이 필 때면 나의 공간은 더욱 흐뭇해진다. 나의 공간은 시간이 흐를수록 더욱 평온해진다.

# 누구에게나 취향은 있다

햇님이 밝아온 아침
어떤 꽃이 먼저 피어나 줄까?
너무 궁금했었습니다.

마음속의 꽃밭에 행복꽃이
보라색 옷을 입고 싱그러움을
뽐내고 있는걸요!

- 김창옥 강사 -

&lt;도시어부&gt;가 이렇게 인기 프로그램이 될 줄은 몰랐다. 퇴직자들의 조용한 소일거리로 여겼던 낚시가 핫한 예능 테마가 된 것이다. 대놓고 취미라 말하지도 못했던 낚시, 부부싸움의 원인이었던 낚시, 이경규와 이덕화가 방송 없을 때 슬며시 즐기던 낚

시가 리얼 버라이어티의 하나로 굳건히 자리매김했다.

김국진은 어떤가? 개그와 예능으로 인기 절정이던 그가 갑자기 골프에 푹 빠져버렸다. 연예계 생활을 뒤로한 채 5년간 프로골퍼가 되기 위해 무수한 도전을 시작했다. 결국 이룰 수 없는 도전으로 끝나버리고, 한때 개그 소재가 될 정도로 웃음거리에 지나지 않았던 그의 취미활동은 세월이 흘러 그를 수많은 골프방송의 진행자로 만들었다.

이들뿐만 아니라 많은 연예인이 자신만의 취미활동을 묵묵히 하고 있다. 피규어, 도라에몽, 바이크, 드론 등 독특한 취미들이 관찰 예능에서 하나둘 드러나고 있다. 예전에는 '뭐 저런 것을 할까?' 좋지 않은 시선을 보냈지만 지금은 되레 그들의 취미활동이 대중에게 관심을 받고 있다.

사회 분위기가 바뀌었다.

자기 취향대로 사는 시대가 된 것이다. 남의 시선에 아랑곳하지 않고 자신이 좋아하는 것을 떳떳하게 하는 사회가 되었다. 남들 눈치를 보지도 않을뿐더러 남들도 함부로 타인의 취향을 폄훼하지 않는다.

대부분의 사람은 자신의 취향에 맞지 않는 것에 돈과 시간을 낭비하며 살아간다. 상사, 동료, 친구가 하자고 해서 억지로 따라 하는 경우가 허다하다. 사회적 동물인 인간의 부정적 단면이다. 싫은 일을 하는 것은 낭비일 뿐만 아니라 억지로 하기 때문에 병이 되기도 한다.

자신의 취향을 찾는 것은 쉽다. 말이나 행동을 하면서 선택의 순간이 올 때 자신이 어떤 것 하나를 선택하는지를 관찰해 보면 알 수 있다. 왜냐하면 사람들은 모든 생각과 행동이 자신의 취향 대로 움직이기 때문이다. 즉 하나의 선택은 모든 선택을 불러온다. 간혹 사회적 위치 등으로 자신의 취향과 다르게 말하고 행동할 수도 있지만 그건 일시적인 행위이고 말과 행동과 분위기가 결국 자신의 취향으로 복귀한다.

하브 애커도 《백만장자 시크릿》에서 '당신이 어떤 것 하나를 하는 방식이 곧 당신이 모든 것을 하는 방식이다.'라고 말했다. 우리의 생각과 행동 그리고 선택 하나하나가 결국 우리의 취향을 보여 준다. 그리고 나머지 모든 선택의 방향도 결정하게 된다는 것이다.

나는 퇴직 후 시골에서 살고 싶다는 말을 곧잘 하곤 했다. 스스로에게도 말하고 가족, 지인에게도 말하곤 했다. 주말이면 자연스레 농촌 관광지를 둘러보게 되고, 귀촌과 관련된 유튜브 영상 시청 시간이 늘어났다. 말과 행동은 취향 따라 움직이고 결국 조용한 시골 마을에 아담한 전원주택을 짓게 되었다.

취향에 맞는 행위를 할 때면 누구나 평온하고 행복해진다. 나이가 아무리 들어도 취미생활을 할 때면 마치 어린아이처럼 해맑게 미소를 짓는다. 나의 경우는 아름다운 자연풍경을 접하면 저절로 발걸음이 느려지고 시선이 머물렀다. 꽃과 나무, 자연 속에 파묻힐 때면 나도 모르게 두 팔 벌리고 숨을 들이마셨다.

누구나 취향은 다르고, 누구에게나 취향은 있다. 그 취향이 남들 시선에 어떻게 비치든 상관 말고 그것을 향해 나아가야 한다. 제대로 인생을 즐길 수 있는 방법이다.

미리 경험하는 은퇴

## 정원에서 사진 찍는 아내

---

혹 불면 날아가 버릴 찰나의 순간이 아쉬워 언제부턴가 카메라는 나의 취미가 되었다. 시시때때로 변하는 자연을 담기 위해 수없이 셔터를 눌렀다. 안개가 낀 날에도 눈이 내린 날에도 금세 사라져 버릴 풍경이 아쉬워 카메라를 들었다.

# 하고 싶은 것을 해야 행복하다

사람은 하고 싶은 것을 해야 행복하다.
그럴 때 스스로 최선을 다할 수 있다.

– 배우 한석규 –

'인기 있다고 마냥 행복했던 건 아니었다.'

한석규는 인터뷰에서 배우라는 직업이 주는 행복감은 별거 아닌 것 같다며 '인기'에 대해 언급했다. '인기라는 것은 곧 젊음과 같다.'라는 깨달음을 얻었다는 것이다. 젊음이 좋긴 하지만 늘 좋지만은 않은 것처럼, 불안, 우울을 넘어서 중년이 되어서야 평온함을 얻는 것과 같은 것이 인기라고 했다.

그렇다고 젊음이나 인기가 나쁘다는 것은 아니라고 부언했다. 젊음을 거쳐 가는 과정이 중년의 삶에 도움이 되고, 나이를

미리 경험하는 은퇴

먹으면 먹을수록 또 다른 미래가 펼쳐진다는 기대를 할 수 있기 때문이라는 것이다.

한동안 젊음을 소홀히 생각한 적이 있었다. 직장인이라면 겪게 되는 고민일 것이다. 나이 많은 상사가 부러워 얼른 세월이 흘러 승진하기를 희망했다. 퇴직한 선배가 남긴 '제2의 인생'이라는 퇴임사가 부러워 얼른 직장을 떠나 자유로운 인생을 살기를 원했다.

젊음이 미래의 삶의 밑거름이 되는 것처럼, 직장 생활도 결국 퇴직 후의 삶을 위한 과정이다. 과정을 거치지 않고 목표를 달성한다면 성취감이 덜하듯, 치열한 젊음을 보내고 맞이하는 노년이야말로 진정으로 값진 것이다. 물론 힘겨운 나날도 많겠지만 당연히 거쳐야 할 과정이라 생각하고 긍정적으로 받아들여야 한다.

한석규는 배우의 역할에 대해서도 언급했다. 과거의 연기는 관객들에게 보여 주고 싶어서 했는데, 지금은 스스로 느끼고 싶어서 연기를 한다는 것이다. 그 차이는 크다. 그저 남에게 보여 주기 위해서 하는 것이랑 예술적인 감흥을 느끼면서 연기하는 것은 다르기 때문이다.

지금 나에게 주어진 일에 대한 자세와 가치를 되돌아봐야 한다. 누군가에게 손가락질 받기 싫어서, 남에게 과시하기 위해서 하는 일은 진정한 삶이 아니다. 스스로 좋아서 해야 하고 그 일에 즐거움을 찾아야 한다. 그래야 성과가 오르고 즐거운 인생 스토리가 만들어진다.


주어진 일을 즐겁게 하면 행복하다는 말, 물론 이해는 되지만 어려운 과제다. 아무리 생각과 자세를 변화시켜도 사장이 시켜서 하는 일과 내 일을 하는 것은 다르기 때문이다. 직장에서의 야근은 스트레스지만 창업한 내 가게에서는 밤새 일해도 피곤하지 않은 것과 같다.

은퇴를 한다면 내가 사장인 직장을 다니는 격이다. 창업을 하든, 귀촌을 하든, 아무 일도 안 하든, 다른 곳에 취직하지 않는 이상 내가 사장이고 주인이다. 바로 내가 가장 기대하는 은퇴가 주는 선물이다.

그 맛을 조금 일찍 보고 싶어졌다. 은퇴가 아직은 멀었지만 전원주택을 짓고 5도2촌의 귀촌 생활을 시작했다. 확실히 주중

일과 주말 일에는 차이가 있었다. 두 가지 일을 동시에 해 보니 그 차이를 확실히 느끼게 되었다.

좋아하는 일을 하면 아침이 기다려진다. 일요일 저녁은 아내에게는 행복한 시간이고 남편에게는 우울한 시간이라고 한다. 주말 내내 삼시 세끼를 차리고 하루 종일 같이 지내다 다시 해방될 수 있는 월요일을 그리는 아내의 마음은 들뜨기 시작한다. 반면 다시 일주일을 업무와 스트레스로 버텨야 하는 우울감에 남편은 일요일 밤이 지나지 않기를 염원한다.

직장인은 저녁이 길고 아침이 오지 않기를 바라지만, 시골에서는 다르다. 얼른 아침이 오기를 원한다. 새벽부터 일어나 텃밭에 풀을 뽑고, 정원 꽃에 물을 주고, 신선한 공기와, 청명한 새소리를 듣고 싶어 한다.

시골의 저녁은 어둡고 그리 할 일도 없다. 다음 날 출근을 걱정해 불면증에도 시달리지 않는다. 낮일로 피곤한 몸을 이불에 눕히면 어느새 깊은 잠에 빠져든다. 이른 잠은 이른 아침으로 이어지고, 날이 밝아오기가 무섭게 밖으로 나가게 된다.

좋아하는 곳에서 좋아하는 일을 하면 그다지 배고프지도 않다. 직장에서는 점심시간만 기다리고 저녁이 되면 체력이 방전되고 피로해진다. 반면 시골에서는 때가 지났는지도 모르게 일을 해도 배고픔을 못 느낀다.

초콜릿을 만들 때 제조과정에서 섞이는 공기의 양과 입자 크기가 식감을 좌우한다고 한다. 공기는 아이스크림의 부드러움에도 영향을 준다. 우유에 첨가제를 섞을 때 공기가 포함된 상태로 급속 냉동시키는데 이때 공기로 인해 늘어난 부피 변화인 오버런(over-run)의 비율이 아이스크림 맛을 결정한다는 것이다.

시골의 공기는 도시의 공기와 확실히 다르다. 공기의 질이 다른 것도 있지만, 사무실에서 스트레스를 받으며 업무를 하는 것과 야외에서 즐거운 일을 하며 마시는 공기는 받아들이는 몸에서 그 맛을 다르게 제조한다. 텃밭 일을 하다 잠깐 마시는 물이 꿀맛 같은 것은 시골의 신선한 공기가 섞여 들어갔기 때문이지는 않을까!


좋아하는 것을 할 때는 돈도 아깝지 않다. 남에게 밥 한번 사주는 것도 아까워하는 짠돌이가 자신이 좋아하는 취미활동에는 많은 돈을 쓰는 경우가 있다. 직장에서 강제로 각출하는 돈은 아깝지만 내가 좋아서 쓰는 돈은 아깝지 않은 것이 인지상정이다.

시골에 살다 보면 아파트 생활과 다르게 손수 해야 할 일이 많다. 텃밭과 정원도 가꾸어야 한다. 만능이 되려면 부족한 체력을 보완하기 위해 각종 도구의 힘을 빌려야 한다. 하루하루 늘어나는 농기계, 농기구, 철물에 돈이 들어가고 때때로 시설도 보완해야 한다. 모든 것에 돈이 지불된다. 쇼핑 횟수는 늘어나지만 아까운 생각이 들진 않는다.

"나에게 가장 흥미로운 것은 지금 이 순간이다."라고 소피 마르소는 명언을 남겼다. 좋아하는 일을 하고 싶다면 지금 내가 하고 있는 일을 좋아하는 수밖에 없다. 아니면 조금 더 참고 좋아하는 일을 하게 될 날을 기대하면 된다.

## 밭일할 때 쓰는 밀짚모자

———————

여름 내내 뜨거운 햇볕을 가려 준 밀짚모자, 얼마나 썼던지 일 년도 안 돼
땀과 먼지로 허름해졌다. 그래도 쓰던 모자가 편해 새 밀짚모자에 손이 가
지 않는다. 밭일을 할 때면 가장 먼저 모자를 쓴다. 그 순간 내가 하고 싶
은 일을 하러 간다는 생각에서인지 발길이 가벼워진다.

# 인간은 본래 외로운 존재다

붙잡는 것이
우리를 강하게 만든다고
생각하기도 하지만
때로는 놓아주는 것이
강한 것이다.

– 헤르만 헤세 –

'인간은 사회적 동물이다'라는 명제는 틀린 것 같다. 살아보니 아무래도 인간은 개인주의가 더 강한 것 같다. 학교, 회사라는 조직에서 돈을 벌고 살아남기 위해 사회적 관계를 맺는 거지, 인간은 본질적으로 혼자이기를 더 선호한다.

조직으로 구성된 사회에서 혼자 있으면 외톨이거나 능력 없다고 평가받는다. 주위 사람 이목을 의식해 인간관계를 넓히려

애쓰기도 하고, 혼자 있으면 외롭기에 여러 사람과 만남을 이어
간다.

그렇다면 인간관계를 맺으면 외로움을 느끼지 않을까? 평범
한 수준이거나, 아니면 주위에 지인이 많은 활달한 사람들, 그들
은 전혀 외로움도 느끼지 않고 즐겁고 행복한 삶을 살아갈까?

그들도 똑같이 외로움을 느낀다. 아니 혼자 지내는 사람보다
더 외로움을 느낄 수도 있다. 관계 속에서 외로움이 잠시 잊혔을
뿐이지, 내면에 있던 그 외로움의 감정이 아예 없어진 게 아니다.
또한 잊혔던 그 감정을 더 소환하게 만드는 것이 사회라는 조직
이다.

타인에 둘러싸여 살아가면서도 내면의 고립감으로 번민하는
사회적 성격을 '군중 속의 고독'이라 한다. 연극에서 배우가 무대
위에서 연기할 때 관중 속에 홀로 있는 느낌을 받는다는 것이다.
사람들을 만나러 가는 출근길이 외로운 것이 그 이유가 아닐까?


그렇다면 인간은 본래 외로운 존재가 아닐까!

우리는 홀로 태어나서 자신만의 사고와 가치관을 가지고 살
아가다 다시 홀로 사라진다. 주위에 다른 사람과 환경이 존재할

뿐, '나'라는 존재는 '나'만의 본질과 가치관이 내재한 독립된 공간이다.

본질을 이해하고 받아들인다면 외로움을 견디기가 수월해질 것이다. 또한 인간의 뛰어난 능력인 경험과 학습을 통해 외로움을 완화시킬 수도 있다. 즉 관계를 점점 최소화해 나가면 된다. 고립된 삶을 일부러 살 필요는 없지만 애써 인간관계를 위해 노력하지 않고, 필요 없는 관계는 줄여나가는 것이 하나의 방법이다.

우리는 인간관계로 인해 정을 나누고 행복을 느끼기도 하지만, 그 인간관계를 통해 다투고, 상처를 주고, 아픔을 느끼며, 이별을 경험하기도 한다. 인간관계로 스트레스를 받고, 갈등을 겪고, 병을 얻고, 해결하고자 했던 외로움과 우울감을 더 뼈저리게 느끼게 된다.


개인주의가 나쁜 성향이거나 인간관계의 걸림돌이 아니다.

오히려 개인주의자, 즉 혼자 지내는 걸 좋아하는 이들은 가족, 학교, 직장, 사회에서 다른 이들과 더 조화롭게 잘 지낸다는 연구 결과도 있다. 개인주의자들은 자존감이 높고 자립심이 강하고 배려심이 깊은 경우가 많다. 다른 이들과 적당한 거리를 유지하며 상대를 더 존중하는 성향을 보이기도 한다.

도시와 시골을 비교해 보자. 일반적으로 도시에 사는 사람이 조금 더 이기적이고 개인적이라 평가한다. 그러나 인간관계의 질을 따진다면 도시 쪽이 더 좋을 수도 있다. 아파트에서는 옆집 사람들과 교류하지 않지만, 반면 상처도 주지 않는다. 엘리베이터에서 만나 서로 인사도 하지 않지만, 반면 서로의 행동을 간섭하거나 피해를 주지도 않는다.

인간은 관계를 통해 만나고 친해지지만 가까워질수록 말과 행동을 함부로 하게 되고 나중에는 다투고 헤어지게 된다. 처음 사귈 때는 친해지기 위해 말과 행동을 조심한다. 조금 가까워지면 친밀도를 유지하기 위해 음식도 나눠 먹고 속마음도 털어놓는다. 그러다 말과 행동을 함부로 하게 되고 오해와 갈등으로 욕하고 다투다 처음의 몰랐던 사이보다 오히려 더 나쁜 관계를 초래하게 된다.

인간은 하나가 될 수 없다. 그렇게 강요하는 순간 인간관계의 갈등과 고통은 발생한다. 어쩔 수 없이 누군가의 생각과 행동과 기준을 따라가거나 맞추는 거지, 자신만의 가치관이 분명히 존

미리 경험하는 은퇴

재한다. 자녀, 부부, 부모, 동료, 상사, 부하에게 맞추며 사는 거지, 내 생각의 기준은 내 안에 존재한다.

　나와 남은 다르다는 전제로 삶을 영위하고 조직 생활을 한다면 갈등은 줄어들 것이다. 사회 구성원은 모두 제각각이고 다양하다. 생각, 행동, 가치관, 목표가 모두 다르다. 조그마한 나라에서도 여당과 야당이 존재하고 같은 당에서도 파가 나뉘는 게 바로 우리의 현실이다.

　인간관계에 집착할 필요는 없다. 심리학자 알프레트 아들러는 '인관관계는 모든 행복의 근원이자 고민의 근원이다.'라고 했다. 행복과 고민을 관계를 통해 해결하려고 하면 더욱 꼬이기만 한다. 인간은 자기만의 고유한 인생을 살아가는 존재다. 독립적인 존재임을 인정하고 살아가야 한다. 그러면 진정한 평화와 행복이 찾아온다.

## 흔들 그네 벤치

———————

흔들거리는 의자에 홀로 앉아 집 앞 경치를 감상하다 보면 마음이 평온해
진다. 뺨을 가르는 바람, 색을 뽐내는 화초, 모양을 바꾸며 지나가는 구름,
자연이 혼자인 나를 위로해 준다. 그래도 누군가 뒤에서 밀어 주는 이만
있다면 더없이 좋을 텐데.

# 인간 심리를 파악해라

스무 살이 넘으면 많은 사람이 과거 책에서 배운 지식이나 그동안 쌓은 경험으로 자신만의 고유한 가치관과 세계관을 만든다. 삶의 크고 작은 일에 이 가치관과 세계관을 활용하고 이를 기준으로 판단한다. 그러나 복잡다단한 세상에서 우리는 수시로 외부세계의 변화에 주의를 기울이고 자신의 내면의 소리를 들어야 한다. 자신이 한 일을 이해하고 자신의 행동을 반성하며 생각과 관념을 끊임없이 변화시키고 바꾸는 과정 속에서 인생의 길을 찾을 수 있기 때문이다.

– 지루징, 《살아가는 데 가장 많이 써먹는 심리학》 중에서 –

세월이 흐를수록 강한 이빨은 점점 약해지지만 부드러운 혀는 점점 날카로워진다. 자신도 모르게 날카로운 말을 뱉고 상대방을 힘들게 한다. 비아냥거리기도 하고 놀리기도 하고 화를 내기도 하고 욕을 하기도 한다.

남을 의식하지 않고 자신의 기준으로 사는 사람들의 특성이다. 바로 눈치 없는 사람이다. 눈치 있던 사람도 나이가 들면서 자연스레 눈치가 없어지기도 한다. 결국 인간관계가 나빠지고 소통과 공감이 되지 않는다.

눈치 없는 사람과 만나고 대화하는 것은 꺼려진다. 친구 관계, 직장 생활을 하다 보면 그런 사람들을 자주 만나게 된다. 그들은 생각을 거치지 않고 입에서 나오는 대로 말을 한다. 정제되지 않은 말은 다른 이에게 스트레스를 주고 상처를 입히기도 한다.

상대방 입장을 고려하고 배려하기 위해서는 인간 심리를 파악하는 힘을 길러야 한다. 인간 심리 과목을 학교 교육에 추가해 어릴 때부터 가르쳐야 한다. 살아가는 데 가장 필요한 공부이기 때문이다. 사회생활에서 미분, 적분보다 더 필요한 과목이다. 심리를 잘 파악하고 눈치껏 행동해야 남에게 피해를 주지 않고, 소통도 원활하고 관계가 좋아진다.

심리상담의 기본은 경청과 공감이라고 칼 로저스는 말했다. 우선 남의 이야기를 잘 들어줘야 한다. 그리고 공감을 해야 한다. 공감은 형식적인 공감이 아닌 깊이 있는 공감이어야 한다. 즉 그

미리 경험하는 은퇴

사람의 정신세계에 함께 동참하는 것이다.

내 마음대로 살기는 쉽다. 그러나 남에게 피해를 준다. 상대의 심리를 잘 파악하며 말과 행동을 조심하며 눈치껏 살아야 한다. 살아가면서 벌어지는 인간 심리의 다양한 상황을 미리 공부하고 활용한다면 좋은 관계가 유지될 것이다.

은퇴 후 귀촌 생활은 지금까지 살아온 환경을 바꾸는 것이다. 새로운 인간관계를 시작하는 곳이다. 좋은 사람도 있고 나쁜 사람도 있을 터다. 기분 좋은 만남도 있고 텃세도 경험할 것이다.

트러블이 생기기 전 인간 심리를 이해하고 눈치껏 소통한다면 원만한 관계가 유지된다. 상대의 입장에서 공감하며 대화한다면 오해나 갈등은 생기지 않는다. '인간 심리'는 은퇴를 준비하는 자의 필수 교육과정이다.

## 이장님이 주신 양파

———————

집 뒤 양파밭에 이장님은 매일 출근했다. 스프링클러를 돌리며 양파 하나
하나에 발걸음 소리를 들려주었다. 무안 황토 흙에서 양파는 토실토실하
게 영글어 갔다. 어느 날 양파밭에 일꾼들로 북적이더니 어느새 양파는 망
속에 담겨졌다. 이장님이 양파 한 자루를 맛보라며 주셨다. 땀방울이 더했
는지 양파망은 더욱 무거워 보였다.

# 자연의 색을 즐기자

빛은 육체를 구성하는 요소뿐만 아니라
정신을 구성하는 요소에도 영향을 미친다.

– 물리학자 펠릭스 도이치 –

자연에 사는 삶을 왜 힐링으로 인식할까!

시골 풍경은 형형색색 색감으로 물들인 캔버스 같다. 미술과는 달리 시간의 흐름에 따라 칠해 놓은 색이 변하면서 식상하지도 않다. 식물은 생존본능과 종족 보전을 위해 적절한 색을 표출한다. 수정 시기가 되면 화려한 꽃으로 곤충을 유혹해 수정을 한다. 빨갛게 익은 열매는 새의 먹이가 되고 그 종자를 먼 곳에 떨어트린다.

식물이 휴식기에 접어들어 단풍이 질 때도, 낙엽을 떨굴 때도 나름의 장관을 보여 준다. 삭막한 겨울에도 꽃을 피우는 식물이 있는가 하면, 가지에 사뿐히 내려앉은 하얀 눈에도 운치가 있다. 시시때때로 변하는 색을 공유하며 우리는 평온과 행복을 얻는다.

색이 질병 치유에 효과가 있다는 것은 많은 실험을 통해 입증되었다. 미국의 과학자이자 내과의사인 에드윈 배비트 박사는 '빛과 색의 원리'에서 19세기 화가의 평균수명을 조사했더니 일반인보다 20년이나 장수했다고 한다. 또한 가로등 조명을 붉은색에서 파란색으로 바꿨더니 자살률이 34% 감소하고 범죄율이 감소했다는 실험 결과도 있다.

인간은 750만 가지의 색을 분간할 수 있다고 한다. 문화와 관습에 따라 조금씩 차이는 있지만 파란색은 세로토닌 호르몬이 발생해 맥박이 느려지고 차분해져 심리적 안정감을 주는 것처럼 색에 따라 인간의 몸은 반응한다.

색은 빛의 파장을 뇌 시상하부 자극을 통해 인식하는 것이다. 그때 감정, 느낌, 맥박, 체온, 혈압 등에 영향을 받게 된다. 오감 중 87% 이상이 시각에 좌우된다고 할 정도로 색은 우리에게 큰 영향을 미친다.

색은 마음의 치유뿐만 아니라 건강에도 효과가 있다. 색채가 인체에 미치는 영향을 컬러 테라피(색채 치료)라 한다. 다양한 색으로 수확한 농작물은 각기 다른 영양성분을 함유해 인간에게 이로움을 준다. 컬러푸드 효과라 한다.

라이코펜, 안토시아닌 성분이 있는 레드푸드는 고혈압과 동맥경화에 효과가 있고, 성인병 예방에 도움이 된다. 베타카로틴 성분이 있는 오렌지푸드는 노화와 저혈압 예방과 항암효과가 있다. 프락토올리고당과 브로멜라민 성분이 있는 옐로푸드는 이뇨·해독·소화작용에 도움이 된다. 클로로필 성분이 있는 그린푸드는 신장과 간장 기능을 활성화하고, 안토시아닌 성분이 있는 블랙푸드는 노화 방지와 암 예방에 효과가 있다.


자연이 만들어 내는 색을 즐기고 섭취하는 것, 인간도 자연의 일부이기에 당연한 삶의 패러다임이 아닐까! 그렇다면 자연이 보여 주는 색을 온전히 받아들이는 것이 인간의 몸과 마음에 이로울 것이다.

자연의 사계는 각각의 색깔과 멋이 있다. 봄은 온갖 꽃이 개화하는 시기다. 마른 가지에 물이 차오르기 시작하면 앙증맞은 꽃봉오리들이 살포시 고개를 내민다. 산수유, 진달래, 철쭉, 매화, 벚꽃이 차례대로 피기 시작하면 무색무취였던 자연은 서서히 컬러 빛으로 물들어 간다.

여름에는 연두 잎새들이 점점 짙어지며 녹음을 드리운다. 식물들이 점점 몸을 불려가며 울창해지는 시기다. 봄에만 꽃이 피는 것이 아니라 여름에 피는 꽃도 있다. 여름을 대표하는 수국, 100일 동안 피는 배롱나무 등 여름은 꽃과 잎새들이 조화를 이루며 아름다운 색을 연출한다.

꽃 피는 봄이 가장 화려할 것 같지만, 가을 풍경도 그에 못지않다. 빨간색, 노란색, 갈색, 흰색, 녹색, 연두색, 다양한 색이 저마다의 모양으로 자연을 수놓는다. 게다가 그 색들은 날마다 미묘하게 변해가며 자연을 색칠한다. 거기에 바람과 비까지 더하면 우리의 감성은 주체할 수 없을 정도로 울렁거린다.

사계 중에 가장 천대받는 겨울도 나름 멋이 있다. 앙상한 나뭇가지에 피어난 상고대는 자연이 만들어 낸 걸작이다. 겨울에도 푸르름을 자랑하는 상록수도 많다. 사철나무, 홍가시나무, 소나무, 금목서 등은 겨울에도 색을 잃지 않는다. 남천나무는 겨울에서야 단풍으로 물든다.

돈 들일 필요도 없이 무료로 제공해 주는 다양한 색을 풍요롭
게 향유하는 공간, 몸과 마음의 치유를 원한다면 자연이 뿜어내
는 색의 향연에 취해 보자.

## 정원에 심은 백리향

----

돈나무는 칠리향으로 불린다. 향 짙은 난초인 십리향, 지피식물인 백리향, 백서향인 천리향, 금목서인 만리향까지 있다. 얼마나 향이 짙으면 칠 리에서 만 리까지나 갈까. 궁금한 나머지 백리향을 정원 구석구석에 심었다. 앙증맞고 예쁜 꽃색에 취해 손을 갖다 대면 짙은 향이 손바닥 가득 묻어 코끝을 자극한다. 설마 백 리까지 가진 않겠지!

▶ 전라도 시기별 꽃 명소

| | | |
|---|---|---|
| 동백 | 2월 말 | 강진백련사, 광양옥룡사지, 완도보길도, 여수오동도 |
| 산수유 | 3월 중 | 구례산수유마을 |
| 매화 | 3월 중 | 광양매화마을, 순천성암매, 백양사고불매, 담양죽림매 |
| 벚꽃 | 3월 말 | 섬진강벚꽃, 대원사벚꽃길, 영암100리벚꽃길, 남원요천강 |
| 배꽃 | 4월 초 | 나주세지면벚꽃길 |
| 유채꽃 | 4월 중 | 장흥선학동마을, 청산도, 나주영산강유채꽃 |
| 철쭉 | 5월 초 | 화순수만리, 화순백아산, 순천고동산, 강진주작산 |
| 튤립 | 5월 중 | 신안임자도튤립공원 |
| 장미 | 5월 말 | 곡성기차마을, 광양중마동, 조선대장미공원 |
| 수국 | 6월 말 | 담양죽화경, 해남포레스트, 나주느러지전망대, 강진고성사 |
| 연꽃 | 7월 중 | 무안회산백련지, 장성항연 |
| 배롱 | 8월 초 | 화순만연사, 강진백련사, 담양명옥헌, 송강정, 죽림제 |
| 꽃무릇 | 9월 말 | 함평용천사, 불갑사 |
| 코스모스 | 10월 초 | 청산도, 장성황룡강, 구례서시천 |
| 국화 | 10월 말 | 영암기찬랜드, 화순국화향연 |
| 억새 | 11월 초 | 장흥천관산, 영산강지석천 |

# 구름은 바람을 앞지르지 않는다

오늘 내 몸에 안긴 겨울바람도 내일이면 또 다른 바람이 되어
오늘의 나를 외면하며 스쳐 가리니
지금 나의 머리 위에 무심히 떠가는 저 구름도
내일이면 또 다른 구름이 되어 무량 세상
두둥실 떠가는 것을…
잘난 청춘도 못난 청춘도 스쳐 가는 바람
앞에 머물지 못하며
못난 인생도 저 잘난 인생도 흘러가는
저 구름과 같을 진데…

– 이해인, 〈인생은 바람이고 구름인 것을〉 중에서 –

'버스 떠난 뒤 손 흔든다.'는 속담이 있다.

이 말에는 버스도 택시처럼 손을 흔들어야 정차한다는 과거 대중교통의 문화가 담겨 있다. 정류장에 당연히 버스가 멈춰야

하는데 손을 애타게 흔들어야만 버스가 멈췄다. 정해진 규칙을 지키지 않거나 믿지 못하는 사회였던 것 같다.

지금의 버스는 정류장에 사람이 보이면 멈춘다. 다만, 내리려는 사람이 없거나 타려는 사람이 없으면 버스는 정류장을 그냥 지나친다. 손 흔들어야 멈추던 시대보다는 좋아졌지만 정해진 규칙대로 흘러가지 않는 시스템이 아직은 조금 남아있는 것 같다.

버스 승차감에는 아쉬움이 남아 있다. 버스의 목적은 손님을 편하게 원하는 곳에 이동시키는 것일까? 아니면 정해진 시간에 코스를 도는 것일까? 교통체증과 운전문화 탓도 있겠지만 대중교통의 난폭운전은 아직도 존재한다. 승객이 앉기도 전에 급출발을 하거나, 갑작스러운 차선변경에 급브레이크를 잡는 운전사들이 있다. 버스에 타자마자 승객들은 손잡이를 얼른 잡아야 하는 게 현실이다.

택시도 마찬가지다. 손님은 그저 생계를 위한 돈벌이로 여기는 것 같은 느낌을 받는다. 버스보다 비싼 돈으로 택시를 타는 것은 더 좋은 서비스를 받기 위함일 텐데, 그 혜택을 받고 있다고 생각하기는 힘들다. 손님에게 인사는커녕 행선지도 묻지 않는 운전사가 대부분이다. 택시에 타자마자 손님이 먼저 갈 곳을 말하는 것이 암묵적인 룰이 되어 있다.

가까운 곳을 가기를 꺼리고, 신호위반, 급작스러운 차선변경, 난폭운전은 버스와 마찬가지다. 게다가 승객 의향도 묻지 않고 자신의 취향대로 음악이나 라디오를 틀어놓는 경우도 있다. 창문도 마음대로 열기도 하고, 운전 중 통화하는 운전사도 있을 정도다.

식당에서는 한 명의 손님은 꺼리는 분위기다. 네 명이 앉는 탁자, 네 명으로 세팅된 메뉴 탓인지 혼자 가면 여간 불편한 게 아니다. 넓은 탁자에 혼자 앉아 있자니 눈치 보이고, 서너 명 기준으로 만들어지는 찌개나 탕을 1인용으로 시킬 수도 없다. 더 많은 양의 음식을 더 많은 손님에게 빨리 팔아 돈을 버는 게 식당의 목적인 것만 같다.

식당뿐 아니라 대중교통 좌석은 더 많은 손님을 태우기 위해 꽉꽉 끼는 간격으로 설계되어 있다. 조금 더 비싼 가격을 지불하고 타는 KTX나 비행기 좌석마저도 좁기는 마찬가지다. 쪼그리고 앉아 팔걸이도 마음대로 하지 못하고 몇 시간을 버텨야 한다.

미리 경험하는 은퇴

식당에서도 옆 사람을 신경 쓰며 젓가락질을 해야 한다.

공공장소에서 제대로 줄 서 있지 않은 경우도 있다. 티켓팅이나 무인발매기 앞에서 동료들끼리 대기 줄인지 헷갈리게 서 있곤 한다. 눈치껏 줄을 서야 손해를 보지 않는다. 조금의 간격이라도 있으면 줄이 아닌 것으로 인식해 끼어드는 사람도 있다.

식당이든 관공서든 직원과 이야기를 나누는 도중에 불쑥 직원에게 말하는 사람도 있다. 앞 사람 용무가 끝난 후에 본인 용무를 처리해야 하는데, 바쁜 이유도 있겠지만 타인을 배려하는 마음이 부족한 사람이 간혹 있다.

어쩌면 이렇게도 자연은 사람과 다를까!

자연은 서두르지도 않고 자신의 위치를 지키며 흘러간다. 계절의 변화에 맞춰 조금씩 변해 간다. 봄이 오면 꽃이 피고, 여름이 오면 잎새를 만들고, 가을이 오면 단풍이 든다. 빨리 달릴 필요도 없고, 누군가를 앞지를 필요도 없고, 새치기할 이유도 없다. 그저 시간의 흐름에 맡길 뿐이다. 그걸 기다리지 못하는 인간만이 얼른 단풍 들기를 재촉할 뿐이다.

푸르름이 잦아들고 가을이 무르익는 시간, 알록달록한 단풍이 물드는 뒷동산을 바라다본다. 집 앞 느티나무는 시들한 잎새를 하나둘 떨구기 시작한다. 문득 고개를 드니 느티나무 가지 사이로 구름이 지나간다. 산들산들 가을바람에 맞춰 조금씩 위치를 바꾼다.

얼굴을 스치는 바람을 느끼며 파란 하늘에 유영하는 구름을 넋 놓고 보다 깨달음을 얻는다. 구름은 바람을 앞지르지 않는다는 사실을.

## 느티나무와 구름

---

전원주택 건축 시 큰맘 먹고 산 느티나무가 뿌리를 내린 듯하다. 가지와 잎이 많이 풍성해졌다. 몇 해만 지나면 시원한 그늘을 선사해 주겠지. 아침에는 떠오르는 태양이 찾아와 걸리고, 낮에는 흘러가는 구름이 찾아와 걸린다. 매미만 찾아오지 않는다면 더없이 좋으련만.

# 일상이 글이다

'작가 하루키' 이전의 '인간 하루키'의 면모를 솔직하게 드러내면서
또 다른 세계에서 이방인으로서 존재하며 자신의 일상을 즐길 줄 아는
반짝이는 삶의 미학과 행복의 창조, 그리고 일련의 사진들은 하루키가
세상을 바라보는 시선을 그대로 보여 주는 의미를 뛰어넘어 독자들로
하여금 생생하게 작가의 집필실로 통하게 한다.

– 무라카미 하루키, 《하루키 일상의 여백》 추천사 중에서 –

"오빠, 온천여행 잘 다녀와~. 가족들이랑 좋은 추억 많이 남
겨와."

책을 읽기도 전에 첫 장에 붙은 메모지에 시선이 머물렀다.
가족과 온천여행을 떠나는 남자 친구에게 혼자서 외롭게 기다리
겠다는 여자 친구의 익살스러운 메모였다. 새 책을 구입했다면

미리 경험하는 은퇴

볼 수 없었을 전 주인의 흔적, 중고책을 사다 보니 이런 에피소드도 있구나 생각했다.

출간이 끊긴 명서를 사기 위해서는 도서관에서 빌리거나 중고서적을 구매하는 수밖에 없다. 주말 시골에서 읽을 《하루키 일상의 여백》이라는 책을 사고 싶어 중고책을 구입했는데 읽기도 전에 재미있는 메모 글에 관심이 갔다.

무라카미 하루키의 일상 에세이인 《하루키 일상의 여백》은 제목 그대로 가벼운 일상 이야기다. 소설을 쓰기 위해 미국에서 잠시 체류 중일 때 벌어지는 이야기를 진솔하게 쓴 글이다. 하루키가 좋아하는 마라톤, 고양이, 여행, 독서에 관한 그만의 생각을 꾸밈없이 토해냈고, 아내가 직접 찍었다는 사진도 첨부하여 리얼리티를 더했다.

어쩌면 우리의 일상도 하루키의 일상과 같을지도 모른다. 문학평론가인 장석주 시인은 하루키의 '가벼움' 속에는 하찮은 것에 대한 따뜻한 시선이 가득하다고 했다. 하루키도 그의 일상을 글과 사진으로 만들었는데, 우리라고 못 할 것은 없다. 그처럼 일상에 대한 따뜻한 시선과 기록하려는 의지만 있으면 된다. 물론 유명작가의 일상이기에 출간할 수 있었겠지만, 평범의 우리의 일상도 출간까지는 아니더라도 글은 충분히 될 수 있다.

은퇴를 한다면, 지금까지 살아온 여정을 기록해 보자. 시간이 충분하고 자칫 무료한 삶이 될 수도 있으니 글을 써 보는 것은 추천할 만한 일이다. 지난 과거, 지금의 생활, 앞으로의 계획을 기록하면 그게 바로 글이다. 모르는 분야에 뛰어들어 스트레스 받으며 글을 쓸 필요 없다. 자신의 이야기를 쓴다면 처음에는 힘들겠지만 술술 이야기가 풀릴 것이다.

더 많은 이야깃거리를 만들고 싶다면 하루키처럼 일상의 변화가 도움이 될 수도 있다. 도시의 삶을 정리하고 시골살이를 시작하는 것도 하나의 방법이다. 새로운 공간은 새로운 아이디어와 에피소드를 만든다. 굳이 귀촌이 아니더라도 여행도 도움이 될 수 있다. 하지만 책 한 권을 쓰려면 짧은 여행이 아닌 어느 정도의 긴 여행이 필요할 것이다.

글쓰기를 해야 할 가장 중요한 이유는 은퇴 후 남겨진 기나긴 시간이다. 어쩌면 살아온 세월만큼의 기간을 다시 살아가야 한다. 그 세월을 무료하게 허비하며 보낸다면 얼마나 낭비인가? 또한 퇴직을 희망하면서도 백수라는 타이틀을 굳이 자랑스러워하지는 않을 것이다. 일상을 기록하며 고상하게 작가로 살아가는 직업을 갖는 것이 손해는 아니지 않은가?

일상을 살아가다 보면 주위에서 벌어지는 이야기들이 예상외로 많이 생긴다. 그것들을 모으면 바로 글이 된다. 글감은 우리 주위에 있는 것이고 작가가 따로 있는 것이 아니다. 수많은 명작을 만들어 낸 유명작가 무라카미 하루키도 마치 일기처럼 평이한 일상 이야기로 책을 만들지 않았는가!

온천을 떠나는 남자 친구에게 자신의 감정을 진솔하게 남기는 여자 친구의 메모 글, 하루키의 일상과 같은 우리 인생 이야기가 바로 에세이인 것이다.

지나쳐 버릴, 그리고 금세 잊혀 버릴 일상을 기록하면 하루하루가 즐겁다. 그리고 작가가 될 수도 있다.

## 정원 표지판

어릴 때 읽은 책 중에 유독 오 헨리의 《마지막 잎새》가 기억에 오래 남는다. 폐렴으로 사경을 헤매는 존시에게 희망을 주기 위해 그린 마지막 잎새, 스토리의 짜임새가 너무 좋았던 작품이었다. 정원을 잎새 모양으로 만들고 '마지막 잎새'라 이름 붙였다. 은퇴 후 노년의 삶의 한 줄기 희망이 되기를 바라는 마음에서.

# 삶도 여행이다

행복을 찾는 일이 우리의 삶을 지배한다면
여행은 그 일의 역동성을
그 어떤 활동보다 풍부하게 드러내 준다.

– 알랭 드 보통, 《여행의 기술》 중에서 –

인간은 기술을 연마하는 사람과 그렇지 않은 사람으로 나눌 수 있다. 사람을 유심히 관찰해 보면 주어진 일을 그냥저냥 하는 사람이 있고, 일을 어떻게 하면 잘할 수 있을까 고민하는 사람도 있다. 일뿐만 아니라 공부, 운전, 운동, 모든 것이 마찬가지다.

여행도 예외일 수 없다. 무작정 떠나는 여행가도 있고, 세밀하게 계획하고 준비해 떠나는 여행가도 있다. 만일 후자라면 기술을 연마하는 사람의 성격에 속할 것이다. 성격테스트인 'MBTI'

로 본다면 'P(Perceiving, 인식형)'라기보다는 'J(Judging, 판단형)'에 가까운 유형일 것이다.

당연히 여행에도 기술이 있다. 그 기술을 익힌다면 보다 의미 있는 여행을 즐길 수가 있다. 그러나 여행을 동료나 가이드에게 맡기거나, 즉흥적으로 떠난다면 나름 재미있는 여행이 될 수도 있겠지만 여행의 기술을 터득하는 데는 부족할지도 모른다.

알랭 드 보통은 여행의 기술로 몇 가지를 제시했다. 여행을 출발할 때부터 갖게 되는 기대감, 여행을 위한 장소인 휴게소, 공항, 비행기, 기차에서 갖는 느낌, 이국적인 분위기와 호기심, 그리고 여행지의 아름다움을 카메라와 그림으로 표현해 보라는 조언까지 그가 직접 여행을 하며 얻은 그만의 노하우를 풀었다.

알랭 드 보통과 완전히 같지는 않지만 내가 생각하는 여행의 기술은 세 가지다. 첫째, 여행은 자신이 주도해야 한다. 가이드나 동료의 계획과 안내대로 따라가는 여행은 왠지 내 여행이 아닌 느낌이 든다. 여행지가 어느 곳에 위치해 있고, 어떤 역사문화적 배경이 있고, 어떤 것을 즐기고 체험할 수 있고, 어디에 맛집이

미리 경험하는 은퇴

있고, 여행 비용은 얼마나 드는지까지 본인이 준비할 때 그 여행은 나의 것이 된다. 그런 여행이 반복될 때 스킬이 붙는다.

해설사의 설명을 들으며 여행을 한 적이 있는가? 여행의 질과 맛이 달라진다. 해설사가 없다면 자신이 그 역할을 하면 된다. 사전에 파악한 정보를 현지에서 동반자에게 설명해 준다면 한 차원 높은 여행이 될 것이다.

둘째, 여행을 기록해야 한다. 일기를 쓰는 사람은 하루를 두 번 산다고 한다. 일기를 쓰면서 한 번 더 하루를 반복하기 때문이다. 여행을 기록하면 여행을 두 번 하게 된다. 여행에서 돌아와 그 여행을 기억하며 느낌과 생각을 정리하다 보면 그 여행은 오롯이 내 것이 된다.

여행을 할 때도 정해진 코스만 다니지 말고 여기저기 세밀하게 관찰하자. 간혹 벤치에 앉아 여행지의 느낌을 정리해보는 시간도 가져보자. 글뿐만 아니라 사진이나 영상도 함께 남긴다면 반복되는 여행이 전혀 무료하지 않다. 계절별로 다른 장면을 찍고, 변화무쌍한 생각을 하게 되면 같은 여행지를 몇 번을 가도 지루하지 않게 된다.

셋째, 여행 동반자를 배려해야 한다. 나 홀로 여행이라면 혼자 즐기는 법을 찾으면 되고, 친구, 애인, 가족과 함께한다면 그들과 교감하며 여행해야 한다. 나만 좋아하는 여행을 해서는 안 된다. 서로가 만족하는 여행이어야 한다.

혼자만의 고집과 취향을 다른 여행자에게 강요한다면 만족스러운 여행이 될 수 없다. 상대가 힘들어하면 쉬어갈 줄 알고, 커피 한잔하고 싶어 하면 같이 마셔 주는 여유도 있어야 한다. 세대나 성별이 다르다면 더욱 세심한 배려가 필요하다. 아이들은 카페에서 치즈 케이크를 먹고 싶어 하는데 얼큰한 해장국을 고집하거나, 체력이 약한 애인이 중간 지점에서 돌아가고 싶은데 끝까지 정상 등반을 고집한다면 여행의 만족도는 떨어진다.

인생도 여행이다. 자신의 인생을 직접 설계하고, 삶의 추억을 기록하고, 동반자를 배려하며 인생을 살아가야 한다. 여행의 기술을 연마하듯 인생도 부단한 연습과 노력이 필요하다.

미리 경험하는 은퇴

## 무안갯벌 새해 해맞이

---

태어나서 오십여 년 만에 처음으로 새해 해맞이를 계획했다. 그간 TV에서
나 봤지 직접 일출 명소를 찾아 눈으로 본 적은 없었다. 집 근처 일출 명
소(도리포)가 있다길래 새벽부터 일어나 카메라를 챙겨 차를 몰았다. 입구
부터 빼곡히 늘어선 차량 행렬에 결국 들어가지도 못하고 인근 무안갯벌
로 향했다. 되레 한적한 분위기 속에서 여유롭게 일출을 감상했다. 인생이
나 여행이나 언제나 변수는 있다. 원치 않게 방향 전환을 하기도 한다. 하
나 그 결과가 결코 나쁜 것만은 아닐 수도 있다.

# 나의 이야기를 쓰자

여행이란 장소를 바꾸어 주는 것이 아니라
우리의 생각과 편견을 바꾸어 주는 것이다.

– 아나톨 프랑스 –

메리츠 자산운용 대표이사 '존리'는 공부 잘하는 사람은 절대로 부자가 될 수 없다고 했다. 공부 잘하는 사람은 안정을 추구하는 경향이 있어 안정된 미래를 위해 안정된 회사에 취직해 평범한 직장인으로 살아간다는 것이다.

반면, 가난한 사람은 더 이상 잃을 게 없기에 이런저런 도전을 한다는 것이다. 남들 시선을 의식할 필요도 없고 또 자신의 능력이 뭔지도 모르니까 다양한 도전을 시도하게 된다는 것이다.

그러고 보면 우리나라 대기업 초기 회장들은 대부분 백수신

미리 경험하는 은퇴

화로 불렸다. 유명인 중에는 가정사가 있는 경우가 많았고, 부자가 된 사람 중에는 공부와 담을 쌓은 경우도 많았다.

안정이 도전을 저해한다는 사실, 그런 삶이 내 꿈을 저해하고 있다는 생각이 문득 들었다. 장남으로 태어나 안정된 직장을 택했고 도전은 제일 싫어하는 단어로 여겼는데, 그게 글쓰기에는 치명적인 약점이란 걸 깨달았기 때문이다.

작가의 자산은 다양한 경험과 창의적 사고다. 어릴 때부터 이런저런 경험이 훌륭한 글감이 되고 다양한 경험이 결합해 창의성을 발휘하고, 그것이 공상이 되고 스토리가 된다. 거기에 독서까지 곁들인다면 그는 베스트셀러 작가가 될 소지가 있다.

'공포의 제왕'이라는 별명이 따라다닐 정도로 공포 소설로 유명한 스티븐 킹은 책을 내기 바쁘게 베스트셀러가 되고 영화 제의가 들어온다. 그런 그가 글쓰기에 관한 책을 썼다.

글의 전편은 스티븐 킹 자신의 삶을 그렸다. 파란만장한 삶이 그의 글의 밑바탕이 되었구나를 실감했다. 빚을 지고 도망간 아버지, 홀로 두 아들을 키운 어머니, 귓병을 앓고, 보육교사에게

학대받는 등 그의 삶은 한 편의 영화였다.

> 작가가 되고 싶다면 무엇보다 두 가지 일을 반드시 해야
> 한다. 많이 읽고 많이 쓰는 것이다. 이 두 가지를 슬쩍
> 피해갈 수 있는 방법은 없다. 지름길도 없다.
>
> – 스티븐 킹, 《유혹하는 글쓰기》 중에서 –

그는 글쓰기 방법으로 몇 가지를 나열했다. 수동형을 피하라, 주제를 내세워라, 플랫폼을 구성하라, 부사를 피하라, 그중에서 아이러니한 것은 그가 마지막으로 제시한 글쓰기 방법이다. 바로 기본 중의 기본인 '많이 읽고, 많이 써라'이다. 세계적인 거장인 그도 결국 누구나 다 아는 기본을 강조했다.

글을 쓰려면 많이 읽어야 하고 다양한 경험을 해야 한다. 그리고 많이 써봐야 한다. 그다음으로 스티븐 킹의 어머니가 강조한 것처럼 남 이야기가 아닌 자신의 이야기를 쓰면 된다.

많은 경험을 하고 자신의 이야기를 만들려면 삶의 공간을 송두리째 바꾸는 것이 하나의 방법이 될 수 있다. 지금까지 몇십 년 동안을 도시의 아파트에서만 살아왔다면 노후의 삶은 시골에

미리 경험하는 은퇴

살아보는 것도 나쁘지 않다. 해외 이민이 아니라면 국내에서 삶의 공간을 가장 크게 바꿀 수 있는 방법인 셈이다.

귀촌은 그동안 도시에서 살아온 삶의 방식뿐만 아니라 생각, 가치관, 편견 등 내 자신을 새롭게 세팅할 수 있는 최적의 방법이다. 환경이 다르고, 만나는 사람이 다르고, 살아가는 방식이 다르다. 편의시설, 의료시설, 문화시설, 배달, 교통, 서비스 등 불편을 감수해야 한다. 밭일도 해야 하고, 청소도 해야 하고, 집수리도 해야 한다.

어쩌면 귀촌은 사회 초년생이 되는 것과 같다. 모든 걸 새롭게 배워나가며 스스로 삶을 헤쳐가는 일이다. 갓난아이에서 어른으로 성장할 때처럼 새로운 경험을 쌓아가는 것이다. 백지와 같은 나의 삶에 나의 이야기를 만드는 과정이다.

## 전원주택에서 맞이한 화이트 크리스마스

크리스마스를 시골에서 보내기로 했다. 내려갈 때부터 내리던 눈은 어느새 한 뼘이나 쌓였다. 집 입구에 차를 세우고 한 시간가량 한겨울에 땀을 흘리며 눈을 치웠다. 어둠이 내리기 전 시간이 조금 남아 눈사람도 만들었다. 눈사람을 배경으로 우리 집을 카메라에 담았다. 그렇게 나의 화이트 크리스마스 이야기는 만들어졌다.

# 미리 경험하는 은퇴

초판인쇄  2024년 6월 3일
초판발행  2024년 6월 3일

지은이  김희정
펴낸이  채종준
펴낸곳  한국학술정보(주)
주  소  경기도 파주시 회동길 230(문발동)
전  화  031-908-3181(대표)
팩  스  031-908-3189
홈페이지  http://ebook.kstudy.com
E-mail  출판사업부 publish@kstudy.com
등  록  제일산-115호(2000. 6. 19)

ISBN  979-11-7217-348-7  03980